现场教学系列教材

保存文脉
守护根魂

——福州历史文化名城现场教学

中共福州市委党校（福州市行政学院） 编

中共中央党校出版社

图书在版编目（CIP）数据

保存文脉 守护根魂：福州历史文化名城现场教学 /
中共福州市委党校（福州市行政学院）编 . --北京：中
共中央党校出版社，2023.2

ISBN 978-7-5035-7427-6

Ⅰ.①保… Ⅱ.①中… Ⅲ.①文化名城-保护-研究
-福州 Ⅳ.①TU984.257.1

中国版本图书馆 CIP 数据核字（2022）第 189244 号

保存文脉 守护根魂——福州历史文化名城现场教学

策划统筹	任丽娜
责任编辑	桑月月 刘金敏
责任印制	陈梦楠
责任校对	李素英
出版发行	中共中央党校出版社
地 址	北京市海淀区长春桥路 6 号
电 话	（010）68922815（总编室） （010）68922233（发行部）
传 真	（010）68922814
经 销	全国新华书店
印 刷	北京中科印刷有限公司
开 本	710 毫米×1000 毫米 1/16
字 数	179 千字
印 张	14.25
版 次	2023 年 2 月第 1 版 2023 年 2 月第 1 次印刷
定 价	48.00 元

微 信 ID：中共中央党校出版社 邮 箱：zydxcbs2018@163.com

本书编委会

主　　　任：蔡亚东

主　　　编：王小珍

副　主　编：陈　武　俞慈珍　纪浩鹏

编　　　辑：欧　敏　王赣闽　李方菁　余娴丽

　　　　　　陈盛兰　易晨琛

总　序

福州是习近平新时代中国特色社会主义思想的重要孕育地和先行实践地。习近平同志在福建工作生活 17 年半，曾亲自领导福州现代化建设 6 年，作出了一系列极具前瞻性、开创性、战略性的理念创新和实践探索。

近年来，福州深入学习贯彻落实习近平新时代中国特色社会主义思想，把握"3820"战略工程思想精髓，加快建设现代化国际城市，培育打造了一批习近平新时代中国特色社会主义思想学习教育实践基地，旨在深入挖掘习近平同志在福建、福州工作期间留下的宝贵财富，全面展示在习近平新时代中国特色社会主义思想指引下福州取得的重大发展成就，努力使这批学习教育实践基地成为全国广大党员干部学习研究习近平新时代中国特色社会主义思想的重要平台、各级党校（行政学院）现场教学基地、人民群众红色游览的"打卡点"，为将福州打造成为践行习近平新时代中国特色社会主义思想的示范城市打下坚实基础。

中共福州市委党校（福州市行政学院）是习近平同志兼任过校长的唯一一所地方党校。近年来，中共福州市委党校（福州市行政学院）坚持传承红色基因，积极发挥独特政治优势，紧紧围绕福州市委的部署，着力打造习近平新时代中国特色社会主义思想一流研修基地，开发各类现场教学点 53 个，全方位、多角度地展示福州深入贯彻落实习近平新时代中国特色社会主义思想的生动实践和突出成效，已有 5 个现场教学视频被中共福建省委党校（福建行政学院）评为精品视频并推荐至中国干部网络学院。

在当前全面学习、全面把握、全面落实党的二十大精神背景下，中共福州市委党校（福州市行政学院）组织教研人员编写《有福之州　山水之城——福州生态文明建设的生动实践现场教学》《保存文脉　守护根魂——福州历史文化名城现场教学》《践行为民初心　厚植人民情怀——以人民为中心思想的福州实践现场教学》《"数字"耀福州　赋能新发展——数字中国建设福州实践现场教学》等 4 本现场教学系列教材，是对前期开展现场教学工作的再总结和再提升，为今后进一步指导开发学习教育实践基地现场教学、推进全市党校（行政学院）系统教材建设和教学改革作出了示范性探索。同时，我们也期待本系列教材的出版能让更多的学员和读者了解福州、感知福州、热爱福州，更加深入地理解和把握福州作为习近平新时代中国特色社会主义思想重要孕育地和先行实践地的独特优势，从而更加自觉坚定地学好、用好习近平新时代中国特色社会主义思想，牢记初心使命、崇尚担当实干，以更加昂扬的姿态奋力谱写全面建设社会主义现代化国家福建篇章！

中共福州市委党校（福州市行政学院）现场教学教材编写组

2023 年 1 月于福州

目　录

前　言

　　2002 年，时任福建省省长的习近平同志在《福州古厝》一书的序中写道："福州派江吻海，山水相依，城中有山，山中有城，是一座天然环境优越、十分美丽的国家历史文化名城。福州的古建筑是构成历史文化名城的要素之一。"① 在序言中，习近平同志用充满感情的笔触，形象描述了福州的山川形胜，介绍了福州这座环境优越、十分美丽的国家历史文化名城；生动讲述了戚公祠、昭忠祠、林文忠祠、开元寺的人文内涵；深情叙述了主持福州工作时的亲身经历，为自己曾经保护了福州一批名人故居、传统街区等感到欣慰。字里行间，浸透着对古建筑保护的重视，饱含着对福州的深厚感情。

　　序言中提到的这些古建筑，是众多福州特色古建筑的代表。作为一座拥有 7000 多年历史积淀和 2200 多年建城史的国家历史文化名城、唯一与福同名的省会城市，福州三山鼎峙，两塔耸立，绿水长流，满城榕树绿荫，孕育了海纳百川、底蕴深厚的闽都文化，造就了黛瓦相连、百年沧桑的古建筑群。

　　这一座座明清民居、西洋建筑、特色庄寨，宛如一颗颗明珠，点缀在榕城大地，虽历经岁月洗礼，依然散发独特魅力，展现出

---

① 　参见习近平同志为曾意丹著《福州古厝》（福建人民出版社 2019 年版）所作的序，第 1 页。

各具特色的历史文化。冶山春秋园和屏山镇海楼展示着福州这座国家历史文化名城的历史渊源与深厚内涵；乌山则是一座浸润着"执政为民"理念之山，一座得益于习近平新时代中国特色社会主义思想的福祉之山；于山的戚公祠、辛亥革命纪念馆和福建人民革命大学旧址书写着古今爱国人士为国为民奉献的铁血丹心；三坊七巷的林则徐、林觉民、严复等众多名人故居，充盈着福州先贤"为天下人谋永福"的精神气质，而小黄楼、二梅书屋则承载着这座城市深厚的文化底蕴和独具地方特色的建筑之美；上下杭的咸康参号、永德会馆等展现着当年福州上下杭商贾云集、商会林立的兴盛与繁华，也体现着闽商"敢为天下先、爱拼才会赢"的精神；烟台山因为连接福州城内的传统文化而又接收域外文明，成为新旧交错、中外交融、独具特色的文化新区，是福州城市对外交往与展示的耀眼名片，却也时刻提醒着我们那段被外国列强欺侮的屈辱往事；马尾的中国船政文化城饱含着船政先贤对"海国图梦"的执着追求及自强不息、爱国图强的民族精神；中国寿山石馆中那些精美的艺术品展示着得天独厚的寿山石文化，也提醒我们要做好寿山石文章、打响寿山石这个独特的品牌；鼓岭上那一栋栋风格各异的房子，则展示着中外民间交往的美好往事。

漫步在这些古建筑之间，窄窄的石板路，高高的马鞍墙，古朴的美人靠，沧桑中不乏韵味，安静中更见精神。福州人有福，祖先给我们留下了这么多的古建筑文化；福州的古建筑有幸，得到精心保护，闽都文化根魂得以保存。

习近平同志在《福州古厝》一书的序中写道："我曾有幸主持过福州这座美丽古城的工作，曾为保护名城做了一些工作，保护了一批名人故居、传统街区，加强了文物管理机构，增加文物保护的财政投入。衷心希望我的后任和全省各个历史文化名城的领导者比我做得更好一些。"①

　　20世纪90年代初，福州市就建立了传颂至今、惠及长远的"四个一"机制，即设立了一个文物局；组建了一支考古队；颁发了一颗印，名城保护范围内的建设要征得文物部门用印同意；每年拨付一百万元文物保护经费。这些在当时都是了不起的事，比如，福州在全省最早成立文物局，比省文物局成立还早，在全国同类城市中也算比较早的。也正是在那个时候，福州市就创新探索出"挂牌保护"的做法，相当于从法律意义上保护名人故居，尚属全国首创。从1991年10月到1992年1月，陈衍、陈若霖和高士其等64处名人故居全部挂上了搪瓷烧制的"福州市名人故居"铭牌。当时，福州市还提出抓紧修订《福州市历史文化名城保护条例》，制定福州市历史文化名城、三坊七巷两个保护规划。1995年10月27日，福州市十届人大常委会第十九次会议审议通过了《福州市历史文化名城保护条例》，该条例于1997年1月23日经福建省八届人大常委会第二十九次会议批准，1997年2月4日由福州市人大常委会颁布施行。这个条例的制定和施行，在全国历史文化名城保护领域也是率先之举。②

　　牢记嘱托，笃行不怠，福州市委、市政府坚持一任接着一任干，不断加大古厝保护和修复力度，一大批历史文物古迹得以较好保护。目前，福州全市现有不可移动文物4700多处，公布历史建筑1181处。从2018年6月起，福州先后在各县（市）区打造

---

① 参见习近平同志为曾意丹著《福州古厝》（福建人民出版社2019年版）所作的序，第2页。
② 参见本书编写组编著：《闽山闽水物华新——习近平福建足迹》（下），福建人民出版社2022年版，第484—485页。

17个特色历史文化街区，以及近300条传统老街巷；已投入320多亿元用于名城、街区、文物、历史建筑保护等。

还有不少古厝经过保护修复、活化利用而重焕光彩。比如，我们结合建设国家旅游度假区，扎实推进鼓岭古街、历史建筑的保护性修复，让宜夏别墅、万国公益社等300多栋风格各异的古厝重焕光彩。比如，在"闽商精神"重要发祥地的上下杭，我们保护修复了采峰别墅、古田会馆、建宁会馆等一批老宅楼阁，再现了"福州传统商业博物馆"的古韵风貌，续写了千年商埠的兴盛繁华。比如，我们于2007年、2019年先后启动乌山历史风貌区保护建设一期、二期工程，乌山景区配套设施完整齐备，面积达到0.22平方千米，乌山历史文化得到挖掘、整理、保护，让"乌山还山于民"。比如，在近代洋人聚居的烟台山，我们引进高水平专业的社会力量参与保护修复，修缮安澜会馆、美华书局、俄国领事馆等19个古建筑，让沉寂百年的老街区重现芳华。比如，我们修复了马尾船政总理衙门、轮机车间等百年船政建筑，不仅让船政文化这一民族瑰宝得以在新时代绽放光彩，还让它"活"起来、"火"起来，更好地展现中华民族自强不息的精神。

不仅如此，我们在老城改造、新城建设、水系治理、乡村振兴中重视推动古村落、古庄寨、古建筑的保护利用。比如，全国最大的古民居单体建筑"宏琳厝"，大型古民居群落"三落厝"，闽中土寨堡"爱荆庄"，名人辈出的"梁厝村"等，都已经或正在保护修复。它们将焕发出新的活力，吸引越来越多的游人前往参观。而这些古厝文化所蕴含的闽都文化的独特韵味也让福州人更加骄傲和自信，也更加凝聚起福州人爱家护家、建设更美好家乡的精气神。正如习近平同志在《福州古厝》一书序中所写的："在经济发展了的时候，应加大保护名城、保护文物、保护古建筑的投入，而名城保护好了，就能够加大城市的吸引力、凝聚力。二者应是相辅相成的关系。"①

同时，福州以整体保护为手段，让非物质文化遗产传承的成绩更亮眼。福州在全省率先实现非物质文化遗产保护地方立法，出台了《福州市非物质文化遗产保护规定》《福州市闽剧保护规定》，积极推动寿山石雕、脱胎漆器、软木画等非物质文化遗产项目地方立法。目前，福州共评定市级非物质文化遗产代表性项目 183 项、传承人 236 名、非物质文化遗产传承示范基地 124 家；创新推行"二元制"戏曲人才培养机制，"闽剧进校园"项目入围第二届"非物质文化遗产进校园"十大优秀实践案例。在绚烂的闽都文化底色上，"福州故事"以别样的方式唱响世界舞台，更是为打响闽都文化这个国际品牌添砖加瓦。

福州还积极构建文化遗产保护立法与规划体系，力图用法律之盾保护文化遗产。福州市先后公布实施了《福州市三坊七巷、朱紫坊历史文化街区保护管理办法》等。2019 年 7 月 29 日召开的福州古厝保护工作部署会，研究出台了《关于进一步加强福州古厝保护工作的意见》等一系列保护政策。2021 年 12 月 15 日，《福州市人民代表大会常务委员会关于修改〈福州市历史文化名城保护条例〉的决定》获得福建省人大常委会批准。2021 年 12 月 23 日，新修改的《福州市历史文化名城保护条例》正式施行，明确了历史文化名城的保护内容，为福州市历史文化遗产保护提供了坚实法治保障。

---

① 参见习近平同志为曾意丹著《福州古厝》（福建人民出版社 2019 年版）所作的序，第 2 页。

正因这些优势叠加，2021 年，福州这座文脉绵长、山水独秀的历史文化名城迎来了一场举世瞩目的国际盛会：第 44 届世界遗产大会。

习近平主席在向第 44 届世界遗产大会所致的贺信中指出："世界文化和自然遗产是人类文明发展和自然演进的重要成果，也是促进不同文明交流互鉴的重要载体。保护好、传承好、利用好这些宝贵财富，是我们的共同责任，是人类文明赓续和世界可持续发展的必然要求。"① 福州将会牢记习近平总书记的嘱托，把文化和自然遗产保护工作做得更好，为人类文明赓续和世界可持续发展贡献应有之力。

20 世纪 90 年代，习近平同志曾担任福州市委党校校长。我们党校人怀着深厚的感情，以高度的政治自觉，深挖富矿，开发了一系列"习近平在福州"现场教学课程，取得了很好的教学效果，深受学员的好评。本书将这一系列课程中以"福州历史文化名城保护"为主题，涵盖冶山春秋园及屏山镇海楼、乌山、于山、三坊七巷、上下杭、烟台山、中国船政文化城、中国寿山石馆以及鼓岭这九个既独具特色，又能系统体现福州历史文化名城特点的现场教学大纲汇编成册，希望能全方位展现福州在"保存文脉、守护根魂"上的创新理念和重大实践成果。衷心希望本书能成为学习习近平新时代中国特色社会主义思想的具有福州特色的生动教材，为进一步推进文化遗产保护，传承中华民族文脉，坚定文化自信，加快建设社会主义文化强国凝聚起磅礴的精神力量。

---

① 《习近平向第 44 届世界遗产大会致贺信》，《人民日报》2021 年 7 月 17 日。

第一章　总体教学设计

第一节　教学主题

　　了解福州作为国家历史文化名城的深厚底蕴，深刻领会习近平同志在《福州古厝》一书序中所讲的保护历史文化名城、保存文脉的重要意义，坚定文化自信，坚定文脉保护和文化传承的决心。

第二节　教学目的

　　1. 深入了解福州作为国家历史文化名城的深厚底蕴及其文化传承发展的重要价值与意义。

　　2. 深刻领会习近平同志在《福州古厝》一书序中所讲的保护历史文化名城、保存文脉的重要意义。

　　3. 汲取国家历史文化名城保护与开发的经验与教训，为更好地建设福州、打响闽都文化国际品牌打下坚实基础。

第三节　教学要求

　　1. 现场教学前，请仔细学习相关背景资料。

2.现场教学过程中，请遵守教学纪律和教学场所的各项规定。

3.在教学过程中，请结合思考题，认真听讲，勤于思考，积极参加教学互动环节。

第四节 教学安排

1.本书所涉及的现场教学点均在福州市区及郊区，除中国寿山石馆来回需两个小时车程外，其余均在1个小时左右，因此教学时长在3～4小时，以半天安排一个教学点为宜。

2.本书有关福州历史文化名城的教学点有9个，可安排3天或者4天，具体时间、路线可根据各班次教学计划而定。

3.现场教学的内容包括开场白（其中有教学点背景、教学主题介绍），布置思考题，现场考察与讲解，教学点开发人员作教学小结。

第五节 教学团队

牵头实施部门：中共福州市委党校（福州市行政学院）统战理论与文化教研部

协调部门：中共福州市委党校（福州市行政学院）教务处及各个教学点负责部门

负责人及其主要职责：中共福州市委党校（福州市行政学院）副校

（院）长俞慈珍教授，主要负责整个现场教学的教学计划、宏观布局、人员安排、统筹协调等。

成员及其主要职责：中共福州市委党校（福州市行政学院）欧敏副教授、王赣闽副教授、陈盛兰讲师、余娴丽讲师、李方菁讲师、易晨琛助教等，主要负责教学线路设计、现场教学组织、教学内容讲解、组织研讨和作教学小结等。

第二章　冶山春秋　镇海楼威

——冶山春秋园、屏山镇海楼现场教学

第一节　教学安排

一、教学主题

通过学习，了解福州这个国家历史文化名城的发展及其深厚的历史底蕴，增强闽都文化自信，为进一步保护和发展这个历史文化名城、打响闽都文化品牌奠定坚实基础。

二、教学目的

1. 通过参观冶山春秋园，了解福州千年的建城与发展历史，及其深厚的文化底蕴，增强闽都文化自信。

2. 通过参观设在镇海楼的福州历史文化名城展示馆和具有闽都文化特色的福州古厝展，进一步了解福州的历史文化以及福州古厝的文化内涵、地域特征、建筑特色，深入探究这些古建筑所蕴含的人文信息，深刻领悟、高度重视福州古厝保护的意义，为进一步保护和发展福州这座国家历史文化名城打下坚实基础。

3. 通过参观设在镇海楼三层的习近平总书记在福州工作期间关于古厝保护的重要论述与生动实践展，了解习近平总书记关于历史文化名城保护的先进理念和现实意义。

三、教学流程

1. 驱车前往冶山春秋园，时间约 30 分钟。

2. 参观冶山春秋园，时间约 40 分钟。

3. 驱车前往屏山镇海楼，时间约 10 分钟。

4. 参观镇海楼三大展馆，时间约 60 分钟。

5. 课程开发人总结提升，时间约 10 分钟。

6. 返程。

四、教学点简介

（一）冶山春秋园

冶山春秋园位于福建省福州市鼓楼区冶山路北侧，是一座以春秋时期文化遗址——冶山命名的公园。冶山为闽越国都，这里已多次发现宫殿遗址。冶山春秋园规划设计为 3 个功能片区，即遗址考古发掘区、冶山欧冶池核心保护区和遗址博物馆区，充分展示福州历史文化名城"源头"的深厚内涵。目前有欧冶池、泉山摩崖题刻、仁寿堂（萨镇冰晚年故居）等 3 个主要景点。

图 2—1　冶山春秋园石刻"闽越春秋"

（二）镇海楼

镇海楼九毁九建，每次均按照原规格尺寸重建，是福州古城的最高楼，中国九大名楼之一。镇海楼地处福州古城中轴线端点的屏山顶部，是市民、游客俯瞰福州城的重要制高点和登高眺望点；从楼阁上能看到福州三山及西湖周边景色，充分契合了福州古城的特色及城市总体格局，建筑飞檐翘角，冲霄凌汉，再现了福州镇海楼的雄姿，并在一定程度上恢复了三山两塔之间的视廊关系。目前，我们所见的镇海楼是2006 年开始动工重新修建的。

图 2—2 屏山镇海楼

五、教学思考

1. 请你谈谈挖掘、整理冶山春秋园古迹遗址有什么意义？

2. 镇海楼的重建对于福州古厝的修复和保护有什么样的启示和

意义?

3. 通过参观福州历史文化名城展示馆,请谈谈对保护福州历史文化名城重要性的认识。

4.《福州古厝》一书中提道:"作为历史文化名城的领导者,既要重视经济的发展,又要重视生态环境、人文环境的保护。发展经济是领导者的重要责任,保护好古建筑,保护好传统街区,保护好文物,保护好名城,同样也是领导者的重要责任,二者同等重要。"对此,你是如何认识与把握的?

第二节　基本情况

"闽之有城,自冶城始"①,探究福州城市发展的脉络,冶山是绕不过去的一段,它不仅是福州这座城市的起源,也是福州建城 2200 多年的文明标志。它见证了福州历代的变迁、演替和发展,是整个福州历史发展的浓缩与见证。

福州自西汉无诸建立冶城,到晋代,太守严高拓建子城,将东西两湖纳入城市中;到唐五代时期,王审知扩建罗城及夹城,将乌山及三坊七巷纳入城中;北宋时期扩展外城,将水运码头扩展到双杭一带,到明朝建立府城,以上奠定了福州城区"三山鼎立、两塔对峙、一江环绕、水网密布"的山水城市格局。

冶山,又名泉山、将军山。《八闽通志》载:"闽越王故城即此山,

---

① 施晓宇:《福州地名读"吉祥"》,《福建日报》2022 年 4 月 18 日。

西北有欧冶池。"冶山是冶城的重要标志①。而冶山春秋园就是一座以冶山命名的公园。通过对冶山春秋园的参观和考察，我们可以充分了解福州历史文化名城"源头"的深厚内涵及闽都文化的深厚底蕴。

镇海楼的负一楼设有福州历史文化名城展示馆。该馆以时间为主线、以历史为脉络，向大家展示福州 2200 多年的建城史。展馆分为"闽在海中""闽越都城""晋代郡城""唐代州城""宋元路城""明代府城""清代会城""近代城台""当代辉煌"九个部分。

镇海楼的一楼和二楼设有福州古厝展示馆，以《福州古厝》一书内容为主线，详尽介绍了福州地区具有闽都文化特色的古厝建筑，展现了福州古厝的历史文化、地域特征、建筑特色等。

镇海楼的三楼展出了习近平同志在福州工作期间关于古厝保护的重要论述与生动实践，是全面学习了解习近平同志在福州工作期间对福州这个历史文化名城保护的理念与实践的好地方。

第三节　主要内容

一、冶山春秋园

（一）冶山春秋园概况

冶山春秋园坐落于福州城中轴线北端，占地 13.21 万平方千米，是福州历史文化名城的重要构成、闽越文化的重要发源地，也是福州古城风貌的核心组成部分。经过新一轮整治提升，2021 年 2 月 4 日，冶山

---

① 参见管澍：《"冶山古迹"露全貌，两处古厝展新颜……冶山春秋园变大变美了!》，《福州晚报》2022 年 1 月 26 日。

春秋园全面建成开放，"曲水流觞"、欧冶亭等有历史记载的景观重现世人眼前。福州冶山春秋园保护修复工程采用"以景见意，以小见大"等手法，挖掘古建筑、古景观等历史文化载体；修复工程总面积为3.3万余平方米，投资7631余万元，梳理了园区绿化景观，疏浚了欧冶池水体，修缮了剑光亭、喜雨轩、泉山摩崖题刻、仁寿堂，设置了无诸、欧冶子雕像和浮雕景墙，发掘展示了唐代马球场遗址，等等。

在二期保护修复工程中，通过打通公园西、东、南入口，提升北入口，修建冶山遗址博物馆、欧冶亭、观海亭、"无诸开疆"浮雕景墙等，全面展示冶山在汉、唐、宋、明、清等不同时期的文化风貌。步入冶山春秋园，只见广场巨石垒砌的石墙上写着"冶山历史风貌区"，闽越王无诸手握宝剑的雕像矗立一旁。漫步园区，可游览欧冶池、泉山摩崖题刻等景观。位于地铁屏山站D出口的一面长60米、高约4米的名为《闽越开疆》的浮雕墙，画面波澜壮阔。这面浮雕墙，以越人南迁、佐汉灭秦、复立为王和建城开疆4个篇章，生动刻画了闽越王无诸佐汉灭秦、复立为闽越王、建城开疆、开启闽中地区社会文明新篇章的一生以及历史上闽越王城的恢弘气势。①

（二）闽越王无诸②

无诸（约生于战国晚期，卒于汉初），汉闽越王，姓驺氏，为越王勾践后裔。周显王三十五年（楚威王六年，公元前334年），越国解体，其儿孙被迫分散于江南海边，各据一隅，称王或为君，互不统属。无诸当时移居闽地，由于他才干不凡，治闽有方，成为雄踞一方的闽越王。秦始皇统一六国后，废除了分封制，建置郡县，无诸被削去王号，降为君长，以闽地为闽中郡。

---

① 参见管澍、林双伟：《〈无诸开疆〉浮雕墙 亮相冶山春秋园》，《福州晚报》2021年2月2日。

② 参见林炳钊：《闽越王无诸》，福州市人民政府网，2021年11月15日。

秦末，陈胜、吴广揭竿起义，各地响应，无诸率闽中士卒举师北上，跟随鄱阳令吴芮协同诸侯灭秦，进武关，战蓝田，攻打至析、郦，司马迁在《史记·东越列传闽越王无诸及越东海王摇者》中称其"以阻（狙）悍称"，因而成为中国历史上闽越族的第一个显著人物。秦亡，项羽自立为西楚霸王，分封天下。因楚越已往有仇隙，故不封越族后裔为王，所以无诸也不附楚。公元前206年，楚汉战争爆发，无诸出兵辅佐汉王刘邦打败项羽，为中国的再度统一和汉王朝的建立作出了贡献。汉高祖五年（公元前202年）二月，"复立无诸为闽越王，王闽中故地，都东冶"。

无诸再度为闽越王后，与汉王保持着和睦关系，积极汲取中原的先进科学文化，从而促进了闽越社会经济文化的发展，其功绩主要有两方面。

第一，仿效中原，于现今福州的冶山之麓筑城建都，据宋梁克家的《三山志》载："闽越故城在今府治北二百五步。"号称"冶城"，这是福州建城的开始。是无诸改变了长期以来闽越族人杂处于"溪谷之间，篁竹之中"的状况，为当时的社会进步奠定了基础。前人曾有《冶城怀古诗》云：

> 无诸建国古蛮州，城下长江水漫流。
> 野烧荒陵啼鸟外，青山遗庙暮云头。
> 西风木叶空隍曙，落日人烟故垒秋。
> 借问屠龙旧踪迹，断矶寒草不胜愁。

第二，倡导使用铁器，推动冶炼业的发展。从墓葬、城址、遗址中出土的文物表明，当时铁制的镤、畬、锄等农具和斧、锤、凿、锯、刀等工具，铁矛等兵器以及铁釜等生活用具的使用已经相当普遍；饰有弦纹、水波纹、栉齿纹等富有地方特色的灰陶双耳罐、匏形壶、敛口钵等生活器皿的使用也十分流行。这些都从不同角度反映了闽越王无诸治闽的建树。因而闽人得以安居乐业，无诸自己在悠闲时经常与僚属们一道流觞饮宴于桑溪和九仙山（于山）等处。

相传，无诸卒后葬于福州城隍山西面的一座小山丘上，俗称王墓山，在前清布政司官衙后。闽人为纪念他开拓闽疆的功绩，在钩龙山上立庙祀之，称"闽越王庙"，俗呼"大庙""祖庙""无诸庙"。庙的前殿祀王，后殿并祀夫人，夫人居左而王居右。

（三）欧冶池

据《吴越春秋》载："越王允常聘欧冶子作名剑五枚，传数世无疆，国灭于楚，乃徙闽……或冶剑于山，淬剑于池，故皆以冶名。"这就是冶山的由来。[①] 这座山虽然很小，却蕴藏了福州城市建设与发展的千年历史。

冶山的历史十分悠久，相传春秋时期，欧冶子曾经在这里铸剑，因此这个池塘被叫作欧冶池，也叫剑池。欧冶子，是春秋末期到战国初期的越国人，中国历史上著名的铸剑师，相传他铸有五把名剑。近几年的考古挖掘中，冶山及其周边地区都陆续发现早于春秋的冶炼遗址和工具。

现在欧冶池遗址内保存的遗迹除了一口池塘之外，还有两块碑刻。一块是元泰定五年（1328年）设立的"三皇庙五龙堂欧冶池官地"碑。碑在欧冶池遗址一带被发现，曾裂为三段，移至九仙观碑廊保存，1998年重树于此。碑式花岗岩石，圆首，通高2.65米，宽1.01米。碑文楷

---

① 参见林恩燕、林久渝：《地名掌故：福州冶山街巷掌故（一）》，《福州晚报（海外版）》2019年1月28日。

书，分三行竖刻："泰定五年岁次戊辰三月三日，奉三皇庙五龙堂欧冶池官地，福建闽海道肃政廉访司台旨立石。"三皇庙，祭祀太昊伏羲氏、炎帝神农氏、黄帝有熊氏。伏羲氏，以打猎为主的部落的首领，该部落会结网捕鱼、捕鸟和围猎；神农氏，会种植庄稼的部落的首领，该部落发明了农业和医药，发明了八卦；有熊氏，懂得圈养猎物的部落的首领。元代统治者奉这三位华夏始祖为医学鼻祖，因此三皇庙也被称为"药王庙"，旧庙原来在冶山南边，后来因创盖贡院，搬迁到了欧冶池旁，后来就坍塌了。并没有资料记载五龙堂是什么类型的建筑，可能与宋代五龙堂祈雨习俗有关。

这里有一个官署的名称：福建闽海道肃政廉访司。这是元朝地方监察机构，由提刑按察司改立，为江南十道监司之一，肃政廉访司的官吏在劝课农桑、兴修水利、赈济饥民、抚众安民等各个方面的活动中，巡察民情，行使权力，在一定程度上较有效地发挥了监察机构的重要作用。这块碑刻证明了当时元朝政府对欧冶池及周围环境保护的重视，这块碑刻是福州地区目前仅见的一方元代的碑刻，十分珍贵。

这块碑刻的旁边，还能看到一块"欧冶子铸剑古迹碑"。这个碑刻设立于清光绪年间（1892 年）的端午节。1976 年前后碑失，为纪念福州建城 2200 年，据原照片重新刻制。

（四）泉山摩崖题刻

冶山有一个别名，叫泉山。为什么叫泉山？据说冶山上曾经有一个天泉池，终年泉水不断，清新甘洌，因此冶山也被称为泉山。这个天泉池的遗址在 2018 年重新整治冶山风景区的时候被发现。泉山共计 55 段石刻，现存的 53 段摩崖石刻为民国时期修复。这是因为在民国时期，近代文化名人陈衍和施景琛曾筹建闽侯县名胜古迹古物保存会，对冶山进行了一次较有规模的整体修复。

图 2—3　冶山春秋园"泉山摩崖题刻"

（五）唐代马球场遗迹

1958 年，福州市区八一七路北端鼓屏路修建时，路东侧发掘出一块严重断残的两面镌刻文字的石碑。1989 年，福州文史学者陈叔侗偶然发现这块石碑，经与南宋淳熙福州知州梁克家在《三山志》中的记载对照鉴定后，发现这正是中唐时期福州"毬场山亭记"原碑的残断。据考古专家称，这也是迄今为止我国出土的唯一一个马球场遗迹。这块碑立于唐宪宗元和八年（813 年），碑文内容大意是："贞元年间进士裴次元担任福州刺史期间，看到当时的福建军政管理混乱，海上交通的外事活动经常出现麻烦，极大影响了当地人民的正常生活秩序。经过一番治理整顿，使福州城呈现出一派社会安定经济繁荣的景象。""毬场山亭记"碑现藏于福建博物院。碑石为花岗岩，宽 99 厘米，残高 53 厘米，只是原碑拦腰的一段。碑两面都刻画着端庄秀丽的文字，虽遭受相当程度的风化与磨损，但大部分笔画都可以辨认出来，上刻有"冶山，今欧冶池山是也。唐元和八年，刺史裴次元于其南辟球场"等字。据记载，福州的球场原设在州城的西部，规模狭小，陈旧不堪。811年，时任福州太守的裴次元，决定选择福州城东部靠近兵营的地方重新建设一个大型球场。裴次元把兴建马球场列入城市建设的重点工程，在他的亲自勘察、规划设计和具体指导下，马球场最终落成。[①]

1998年10月，考古工作者在福州市区冶山东南侧中山路一带清理出土了400平方米的局部球场地面。它的上面叠压着五代时期的城墙，下面是盛唐时期的建筑堆积，说明球场是在清除旧时的废墟杂物、平整土地以后建筑起来的，至五代时期因扩建福州城墙而废弃，经历了整整100年的时间。

二、镇海楼景区

（一）九毁九建镇海楼[②]

明初，福州时有海患。为了防御倭寇的入侵，也为了城市的发展，明洪武四年（1371年），驸马都尉王恭负责砌筑石城，称为福州府城。府城北面跨屏山南绕于山、乌山。城墙东、西、南三面依宋代的外城遗址修复。

建福州府城时，王恭先在屏山顶修建一座谯楼，作为各城门楼建造的样本，称为样楼。样楼是重檐歇山顶的双层城楼，高约20米，是当时福州最高的建筑物，成为城正北的标志。样楼楼前广场有七口石缸，排列如北斗七星，称七星缸。

---

① 参见《危险刺激的快感　福州马球场之大唐气象》，台海网，2019年4月1日。

② 参见翁海霞：《福州镇海楼几毁几建几多修》，《海峡都市报数字报》2012年3月16日。

当年登样楼可以望见大海，所以又名镇海楼。登楼可远眺闽江口乃至东海。过去海船夜航进闽江口，都以此楼为航标。清代谢章铤在《重建镇海楼记》中说："且夫楼以镇海名，意在楼，实在海。嗟呼，海风叫啸，海水飞扬，登斯楼也，其忍负中流砥柱之心哉。"

镇海楼，北倚北峰，南有五虎山为案，东衬鼓山，西托旗山。左前于山相扶，右前乌山呼应。乌龙、白龙双江如玉带环腰。明代闽中十才子之一的陈亮，写下《冶山怀古》诗："东西屹立两浮屠，百里台江似帝纤。八郡河山闽故国，双门楼阁宋行都。自从风俗归文化，几见封疆入版图。惟有越王城上月，年年流影照西湖。"当年的样楼望海与龙舌品泉等被列入福州西湖八景，载入《新修西湖志》。

民国时，镇海楼毁于火。1945 年改建为林森纪念堂，"文化大革命"期间被拆废。

（二）镇海楼与台风天灾

以前，驶来福州的船只开至鼓山脚下时，可以看见镇海楼，因此镇海楼成为进出闽江口航船的重要标志，每当潮水上涨，大船进出闽江口均以镇海楼为"准望"，即航行标志物。

传播学专家认为，镇海楼寄托了群众避灾的美好愿望。文史专家、福建师范大学传播学院教授林焱说，他家三代住在屏山脚下的三角井，对镇海楼有着深厚的感情。"记忆中，我小时候福州并未有过大的灾难，我们常跑到镇海楼附近玩。"林焱教授说。清末时，镇海楼比较破落，民国时期曾有修缮，设林森纪念堂。新中国成立后，镇海楼再次修缮，规模比现在略小。

2008 年，镇海楼又重新伫立于屏山之上，此后几个来势汹汹的台风，本来直扑福州，后又拐道或是折返。"正是一些巧合，网友们对镇海楼这一神奇的'功能'津津乐道，其实这也是寄托了一种避灾的美好愿望。"林焱教授认为，在防台风时，福州人对镇海楼的这种情感，其实是对居住环境的一种热爱、对镇海楼历史文化的认可和信任，以及依赖大自然的社会心理。[①]

三、福州历史文化名城展示馆

"一座馆，一部福州建城文化史。"这是位于镇海楼负一层的福州历史文化名城展示馆给人的第一印象。它是一部长卷，让人在最短的时间内了解福州的历史文化；它是一个窗口，让参观者能够最直接地看到福州的发展、变化。作为福建政治中心的福州古城继承和发展了《周礼·考工记》中的"理想王城"的规划思想。从历史城市整体保护的角度审视，福州城具有"象天设都、经涂九轨"，"中轴对称、南商北官、东武西文"的独特城市空间形态，以及城市主、次干道与生活道路以"2"为模数的路网体系，对历史文化名城保护具有借鉴意义。

福州，别称榕城，历史上曾长期作为福建的政治中心。汉高帝五年（公元前202年），无诸被封闽越国国王，乃福州建城之始。唐开元十三年（725年），闽州改称福州，福州之名肇始。五代扩建城池，将乌山、于山、屏山圈入城内，从此福州也得名"三山"。宋代的福州进入了历史上的黄金时代，人口众多，经济极其繁荣，成为宋朝六大城市之一。

福州地处闽江下游，依山傍海，气候宜人，又因地处东南沿海的丘陵地区，形成了"城在山中，山在城中"的特有地理风貌。母亲河闽江在崇山峻岭中蜿蜒而下，流向东海。福州城山雄水秀，山环水绕，可以说山是福州的骨骼，水是福州的血脉，好山好水造就了美丽的福州城。宋代诗人陈轩就把福州描写得犹如人间仙境："有时细雨微烟罩，便是

---

① 参见肖颖、包华、肖春道：《六百年镇海楼　一段防台风传说》，东南网，2018年7月12日。

天然水墨图。"福州有六次扩城史，经过历史的积淀与发展才有了我们今天看到的福州城市样貌。

《山海经》中就有"闽在海中"的记载，优越的自然环境和地理条件给福州的先民们提供了良好的生活环境。早在7000多年前，先民们就在这里用简单的工具渔猎、耕种，创造了独具地方特色的原始文化。我们现在看到的位于闽侯荆溪镇的昙石山遗址文化层的剖面图，距今已有约5000年的历史了，从图中可以看到，在黄土和黄灰土之间有一层蛤蜊层，它是由贝壳、蛤蜊、螺壳堆砌而成，这是由于这里的先民靠海而居，他们将吃完或用后的贝壳随手丢弃，就形成了独有的蛤蜊层。

（一）第一次扩城：汉·冶城

早在公元前202年，汉高祖刘邦封无诸为闽越王时，无诸就在屏山的南麓建造了福州的第一座城池"冶城"，这也是福州的第一次扩城。"冶城"是一座土城，城墙用土夯实而成，当时只有王族、官吏和守城的士兵才可以住在里面，一般的百姓都住在城外。冶山遗址考古发现了汉代时期的瓦当，瓦当塑有龙首凤尾纹，寓意龙凤呈祥，"万岁"二字也代表了只有皇族才可以使用它。

在闽越国建立之后，福州的建筑业、制陶业、纺织业都有了长足进步，2200多年过去了，福州依然留存着许多闽越国的遗迹和传说。在大庙山的碑刻上展示了许多古代传说，相传无诸曾在这里筑台接受汉王朝的册封。后人在台旁筑庙纪念，故名大庙山。现在的大庙山在福州四中里。福建古称"闽"，汉代许慎在《说文解字》中说"闽，东南越，蛇种"，说的就是福建的崇蛇习俗，农历七月初七是蛇王节。

（二）第二次扩城：晋·子城

福州的第二次扩城是在晋太康三年（282年），晋安太守严高下令修建子城。子城的面积相对冶城扩大了许多，这是为了适应当时的人口剧增。并且严高还一并开凿了东西两湖用于水利灌溉以及城内的蓄洪防水。时至今日，东湖由于河道堵塞干涸了，西湖成为福州市民非常喜爱的休闲胜地。自此，福州的地下水网系统初步形成。

（三）第三次扩城：唐·罗城

闽王王审知扩建的罗城建于唐天复元年（901年），面积比子城扩大了7倍。为了适应福州多雨多台风的气候，王审知采用的是全砖结构的钱纹砖城墙，这在当时也是极为罕见的。罗城内除官吏居住外，还让百姓在规定地段修建住宅，分段围以高墙，称为坊，这便是"三坊七巷"的雏形。

（四）第四次扩城：梁·夹城

在唐罗城建立之后7年，王审知又向南北加筑了城池，形如半月。因此夹城又称为南北月城，是时全城略呈圆形，夹城是首次将三山包揽了进来，形成了福州"山在城中，城在山中"的城市格局，福州因而别称三山。并且王审知还把西湖辟为御花园，修建地下通道直通西湖，供王宫贵族游玩享乐。王审知治闽期间，采取"保境安民，休养生息"的政策，福建全境的经济文化得到了长足的发展，逐步赶上了中原发达地区的水平。

（五）第五次扩城：宋·外城

第五次扩城是在北宋开宝七年（974年），福州刺史钱昱又增筑东南夹城，称外城。宋熙宁年间（约1069年），郡守程师孟又加以修复。致力于内河修筑，形成了福州"山在城里边，水在城里边"的独特美景，它是福州历史上最大的一座城池了。宋代由于经济中心的南移，福州的文教也发展得很好，有了海滨邹鲁的美誉。创造了许多科举佳话，如一榜三鼎甲、三科三状元等。在这展馆中展陈的古籍《三山志》，由福州知州梁克家编纂，这是福州最早的地方志书。而从宋代开始，福州也有了榕城的美誉。福州太守张伯玉编户植榕，使得福州暑不张盖。

（六）第六次扩城：明清·府城

第六次扩城是在明洪武四年（1371年），由驸马都尉王恭主持，重建福州城垣。当时王恭就选择在屏山上建造镇海楼，作为军事上的瞭望楼来使用。屋檐角上的瑞兽叫作獬豸，传说它可以明辨是非，遇到坏人的时候，会用头上的角将坏人顶开，因此它也成为正义的象征，被刻画在大理寺衙门的墙壁上。明朝末年清军入关，朱元璋的第二十三代孙唐王朱聿键南逃入闽，在福州称帝，年号隆武。而到了清代，福州成为五口通商口岸之一，在经济、人文和教育上都有了长足的发展。清代时期的福州书院很有名气，当时有四大书院，分别是正谊书院、致用书院、鳌峰书院和凤池书院。1866年由船政大臣沈葆桢和闽浙总督左宗棠创办的船政学堂在马尾拉开了一段新的历史进程，从马尾船政走出了许多有影响的人物，如严复、萨镇冰等人。

清末时期由于对外交流的繁荣，福州在建筑上也是吸收了许多的外来元素，福州的教堂同样独有特色。福州成为通商口岸后，传教士接踵而来，进行传教。福州泛船浦天主教堂是哥特式建筑，主堂北端建有20多米高的钟楼，楼顶竖立着近3米高的十字架。昔时钟楼报时声扬十余里，号称"江南第一大堂"。

至此，福州城市整体样貌大体建成，福州也在历史的洗礼中不断发展起来。

四、福州古厝展

"福州派江吻海，山水相依，城中有山，山中有城，是一座天然环境优越、十分美丽的国家历史文化名城。福州的古建筑是构成历史文化名城的要素之一。"①福州古厝展紧紧围绕习近平总书记关于文化遗产保护系列重要论述精神，抓住福州古建筑元素特征，通过介绍福州地区各类建筑以及古建筑后面蕴藏的人文信息，阐发其鲜明的地域和时代特色；展示习近平同志在福州乃至福建工作时，在文化遗产保护方面的前瞻性思想和开创性保护，给福州人民留下的宝贵物质和精神财富。

（一）"如画之城　山水之城"

"七闽山水多奇胜，秦汉封疆古来盛。无诸建国何英雄，赤土分茅于此中。荒城野水行人渡，细柳青榕旧宫树……忽从图画见三山，正在无诸旧垒间。"这是闽中十子之一，也是主持修建镇海楼的驸马都尉王恭盛赞福州美如图画的诗句。② 同样对福州赞不绝口的还有宋代陈轩，他的"城里三山古越都，楼台相望跨篷壶。有时细雨微烟罩，便是天然水墨图"，把福州这座美如图画的山水之城描绘得淋漓尽致。

在荷兰阿姆斯特丹博物馆的《三百年前的福州》古城图是迄今所见的福州城最早的实景图。这一天然水墨图中的美丽山水之城，楼台相望，烟雨细微，河道众横，路桥相通，生机盎然。原画高 100 厘米，宽 134 厘米，宣纸所绘，真实记录了明末清初福州城的美丽风姿。画作中有三山、南门瓮城、水部门、关王庙、阅武堂、南园、水部门——新港河口一带、中亭街至万寿桥、江南桥一带、大庙山、越王台、上下杭、龙岭顶一带等福州的点点滴滴，为我们重现了 300 年前的福州古城面貌。③

---

① 参见习近平同志为曾意丹著《福州古厝》（福建人民出版社 2019 年版）所作的序，第 1 页。
② 参见曾意丹：《福州古厝》，福建人民出版社 2019 年版，第 1 页。
③ 参见曾意丹：《福州古厝》，福建人民出版社 2019 年版，第 2 页。

（二）"崇楼千尺　金城万雉"

福州特色的城防建筑的主要功能是保卫城市安全，这些建筑见证了福州千年沧桑历史，体现了历史陶冶的城市精神。作为军政指挥中心的衙署，绝大多数已经不复存在。位于洪塘西的石岊江滨的怀安县衙，是现存为数不多的衙署遗址。咸平二年（999年）移至此地，衙署原为驿馆，朱熹曾在此住宿。衙署坐北朝南，前后庭院均用条石铺地，两边的围墙已毁，但还保留着墙基。福州连江的琯头镇长门炮台，是目前中国保留下来的最古老的、最大的炮台之一，与南岸琅岐岛的金牌门仅隔一箭之地，素有扼江控海之险，地处闽江第一道防线。始建于明崇祯五年（1632年），清代重建，为圆形城堡式建筑，直径95米，由围墙、营房、操场、弹药库、炮位组成。外墙底部和上层内部均采用花岗岩大条石垒砌。

（三）"跨山越水　沟通城乡"

古代福州借助桥梁、古津渡、驿路、街亭组织了便利的水陆交通，在福州辉煌的建筑文化书页上，桥梁津渡等谱写了极具特色、极为精彩的篇章。大自然有鬼斧神工般的创造力，人类更有师法自然并加以发展的创造力。梁桥和拱桥结合的综合桥式构成了福州桥梁具有地方韵味的特色。龙津桥位于闽侯县廷坪乡。始建于宋代，明崇祯四年（1631年）改建为木拱廊屋桥，东西走向。它是很有特色的斜撑架拱桥，桥形美观，又能遮风挡雨，桥上有长凳可供行人小憩。

提到福州的桥梁，就不得不提福州台江万寿桥。《榕城考古略》记载："一名大桥，横跨台江，旧为浮梁。""大桥"者，谓此桥为当时福州最长的桥；"浮梁"者，谓此桥为"浮桥"。《闽都记》记载："元时，田入头陀万寿寺，大德七年（1303年），头陀王法助奉旨募造石桥。"因万寿寺头陀奉旨募造，故称"万寿桥"。万寿桥为石桥，骊水29道，上翼以石栏，桥长 170 丈。1949 年福州解放，"万寿桥"改称"解放大桥"。1970 年 9 月，"解放大桥"采取"桥上架桥"方式，重新改造，仍称"解放大桥"。[①]

此外，在淮安村怀安窑址附近，至今还保留着一座古码头与一条古接官道。这曾是怀安芋原驿古渡，是怀安保存下来的唯一接官道。

怀安古接官道码头地处水上交通要道，在唐、五代时期，它就是进口货物及闽江上游物资重要的中转码头，海上贸易由此起航。当时，怀安窑烧制的瓷器就是经这条通往渡口的官道，装上船只，运往外洋。渡口的这种繁华景象前后持续了数百年。《闽都记》记载："在石岊码头。南行以舆，北以舟。皇华使节往来络绎。"描绘的就是当年这里的盛况。因此，怀安芋原驿古渡是唐朝后期海上丝绸之路的交通枢纽之一，接官道码头是福州与日本及东南亚一些国家陶瓷交易的一个重要码头，见证了唐、五代时期福州与亚洲周边国家的海洋贸易。[②]

(四)"俊采星驰　人杰地灵"

福州山水灵淑，人才荟萃，名人故居很多，如今保存下来的仍有许多。古建筑，尤其是名人故居有丰富的人文内涵；多数的名人故居与典型民宅又都是建筑科学和艺术的结晶。[③] 福州古民居院落相连，纵向空间组合，中轴对称；以木构承重，有精雕细刻的石木构件，宅院四周或左右围有土筑、线条流畅的马鞍形风火墙，有的墙峰翘角饰以飞龙飞凤、花鸟鱼虫及人物风景，具有浓郁的地方特色。

严复祖居位于福州市郊盖山镇阳岐上岐村，濒临阳岐浦。旧名大夫

---

① 参见《解放大桥：福州第一座跨江大桥》，福州新闻网，2021 年 2 月 4 日。
② 参见李琼、秀春：《福州海丝文化地图·仓山篇》（上），福州日报社数字报刊平台，2018 年 10 月 15 日。
③ 参见曾意丹：《福州古厝》，福建人民出版社 2019 年版，第 41 页。

图 2—4　福州小黄楼庭院

第，因祀阳岐严氏始祖（唐代朝请大夫严怀英）故名。现为清初建筑，坐北向南，土木结构，二进，由前后厅堂、左右厢房、前后天井、左右披榭、门廊等组成，占地面积 745 平方米。两进都是面阔三间，进深七柱，穿斗式木构架，双坡屋顶，两边设风火墙，保存较完整。1983 年被公布为福州市级文物保护单位。

小黄楼庭院位于黄巷中段北侧 36 号，系唐代名儒黄璞故居旧址。清道光十二年（1832 年）梁章钜购入后，加以修缮，作为读书、著书、会客之所。楼上走廊两侧对向出挑露台，通连假山，楼前有鱼池、假山、雪洞、半边亭、拱桥等园林建筑。小黄楼庭院现为福州市保存较为完整、秀丽且小巧玲珑的古式花厅园林，是全国重点文物保护单位。

图2—5 福州水榭戏台

（五）"琳官塔庙 梵呗声声"

福州宗教文化丰富，被誉为"佛国"。唐宋以来，福州的高僧和寺院更是在中国佛教界享有无与伦比的崇高地位。福州至今保存着众多的宗教文化遗存。

福州华林寺大殿是长江以南最古老的千年木构建筑之一。大殿为抬梁式木结构。檐下外向斗拱为双杪、双下昂七铺作。大至柱梁架接搭，小至斗拱铺作的组合节点部分都用传统的榫卯技法处理，不用一根钉，将所有构件紧密结合在一起。大殿最突出的特点是用"材"特大，建筑整体气势恢宏，为全国古建筑中的特例。

福州开元寺位于福州市开元路芝山上。开元寺建于梁太清二年

（548年），初名灵山。唐开元二十三年（735年）改为今名。开元寺内有一座由宝松和尚重修的铁佛殿，内有一尊铁佛，为阿弥陀佛，佛高5.3米，重达10吨。佛像铸年文献记载不同，一说为五代闽王王审知所造，一说在宋元丰以前。清顺治年间（1644—1661年）重修大殿时，曾在佛座下发现一银塔，上有"宋元丰癸亥正月初一日立，刺史刘瑾"的题款。然而这尊铁佛确实有唐末五代佛造像的风格。铁佛殿前原有一饶有兴味的佳联，是明末曾异撰所作："古佛由来皆铁汉，凡夫但说是金身。"①

（六）"坊巷村寨　千古沧桑"

传统的坊巷、古村落、古寨、古街、古道、古民居等孕育、承载着丰富的历史内涵。古城的风华、沧桑在坊巷村寨间不断散发。每一处厚重的历史古迹，整洁的村容村貌、青砖小瓦、飞檐翘角都飘扬着浓郁醉人的历史韵味。福州传统街区基本保存原貌的只有三坊七巷与朱紫坊。

三坊七巷在老城区的西南。三坊为衣锦坊、文儒坊、光禄坊；七巷为杨桥巷、郎官巷、塔巷、黄巷、安民巷、宫巷、吉庇巷。三坊七巷源于唐末王审知扩建新城。王审知当政时，在子城外环筑罗城，罗城由钱纹砖砌筑而成，是当时全国唯一的砖城。也就是在此时，三坊七巷成为罗城西南的重要区域，城坊格局初步形成于此时，一直延续至今，是研究我国里坊制度的活化石。我国这种类似棋盘的城坊格局，影响了日本、朝鲜等国家都城的建设。

水榭戏台位于衣锦坊。戏台为杉木结构，台后为化妆室，单檐歇山顶，檐下夹角施雕花"弓梁"垂柱。上有方形藻井天花，中刻"团鹤"，周饰蝙蝠，象征福、寿。整座戏台立于水池之上，池上清幽凉爽，而且

---

① 曾意丹：《福州古厝》，福建人民出版社2019年版，第98—99页。

图 2—6 福州三坊七巷

有利于拾音，增强音响效果。这也是目前国内唯一一个建在水上的戏台。

作为闽中地区特有的大型民居，永泰庄寨始于唐朝，兴于明清，晚清时期几乎遍及各村镇，据不完全统计，总量超过 2000 座。全县现存较好的庄寨共 152 座，其中占地面积 1000 平方米以上的有 98 座，体量之大全国罕见。目前，5 座永泰庄寨跻身全国重点文物保护单位，18 座列入省级文物保护单位。其中，同安镇爱荆庄荣获"联合国教科文组织 2018 年亚太地区文化遗产保护优秀奖"。一座座"庞然大物"既是传统乡绅文化弥足珍贵的载体，也承载着农耕社会家族聚落生存的记忆。

（七）"自然造化 雅趣幽奇"

中国的私宅园林，从造园的意旨来说，多讲求人与自然的亲和，追

31

求幽雅、宁静。从构造布局来说，讲求充分利用空间，节约用地，注意园中建筑与树木花草、池沼的用地比例，福州的私家园林多数精巧玲珑，大的不多。从选用假山石料来说，多采用海边千疮百孔的海蚀石，少用太湖石，显得极有灵气。

福州三山旧馆的遗址位于今日的西湖宾馆，曾为清末福州人龚易图的私家园林。三山旧馆名重闽省，该园的成功得益于福州园林建筑工匠的巧手，也与园主龚易图的精心策划有关。园林建于 1870 年左右，是一座融园林、民宅、戏台、藏书楼、祠堂、西洋楼为一体的著名池馆，龚易图有一首《闲门》诗："四山倒影漾空明，拔地楼台却在城。人向乱书堆里庹，园从名画稿中成。"也就是说，园林、民宅虽在城中，但却应用借景的手法着力将大自然的山水纳入其中。他的治园意念颇有老庄哲学"物我同化"的思想。人与大自然的亲和也是福州造园的特色。龚易图造园是以画入园的，因而所治之园宛如画境。三山旧馆可分为两部分，东部为宗祠，西部为主体，即三山旧馆十景，曾被誉为福建第一园林。[①]

芙蓉园位于鼓楼区法海路花园弄。它是全国重点文物保护单位、福州四大园林之一。园内共三口水池，均与安泰河相通，围绕着三口水池筑有假山园林，以山取胜，以水为景，根据太湖石的不同形状构筑了各小景区，将楼阁依水，水榭临池，花亭、月窗、小桥、霞洞的中国园林艺术发挥到极致。芙蓉园始建于宋代，原为宋参知政事陈韡的"芙蓉别馆"。芙蓉园自西而东共有三座毗连，其中东座为叶向高所居。芙蓉园占地面积 2000 多平方米，坐北向南，穿斗式木构架，双坡顶，鞍式山墙，富有福州民居特色。园内有一棵据说是叶向高手植的古荔，枝繁叶

---

① 参见曾意丹：《福州古厝》，福建人民出版社 2019 年版，第 139—141 页。

茂，距今已有 300 多年光景了；假山旁的两层小阁楼，古香古色、小巧玲珑。①

（八）"尊祖敬宗　表彰节义"

人们为了不数典忘祖而设立祠堂，也为对社会、民族、社稷有贡献的人立祠、建牌坊、立碑，加以纪念。

于山戚公祠位于鼓楼区于山风景区，内有祠堂、醉石、醉石亭、补山精舍、平远台，祀奉着明朝抗倭名将戚继光。现存的戚公祠系民国七年（1918 年）重建，祠前有五棵苍松，祠东侧有一巨石如床，上刻"醉石"。传说他凯旋班师，在平远台庆功，喝醉了卧于此石床上，故名。醉石前还有醉石亭，周围的岩崖上留有后人的摩崖题刻。其中有郁达夫于 1936 年填写的《满江红》词："三百年来，我华夏威风久歇。有几个，如公成就，丰功伟烈。拔剑光寒倭寇胆，拨云手指天心月。至于今遗饼（光饼）纪征东，民怀切。会稽耻，终须雪；楚三户，教秦灭。愿英灵永保，金瓯无缺。台畔班师酣醉石，亭边思子悲啼血。向长空，洒泪酹千杯，蓬莱阙。"②

昭忠祠位于马尾区马限山南麓。祠为风火墙式建筑，共二进院落。祠门墙高耸，绿瓦红墙，飞檐翘角，十分壮观。祠西侧为池塘、方亭和陵园。池中碧水涟涟，睡荷田田。陵园正门口有一对华表。沿石道登上五级台阶，前有穹窿顶四柱碑亭，亭中墓碑上书"光绪十年七月三日马江诸战士埋骨处"。碑亭后为巨大的长方形陵墓，翠柏环绕。昭忠祠及陵园后山有"铁石同心""蒋山青处""仰止"等摩崖题刻。马江昭忠祠为全国重点文物保护单位。

林文忠公祠位于鼓楼区南后街澳门路。建于清光绪三十一年（1905

---

① 参见曾意丹：《福州古厝》，福建人民出版社 2019 年版，第 143 页。
② 曾意丹：《福州古厝》，福建人民出版社 2019 年版，第 161—162 页。

年），占地面积 3000 平方米。祠门朝东，祠前施屏墙，设左右小门牌楼式大门墙，横额楷"林文忠公祠"。内有仪门厅、御碑亭、树德堂、南北花厅、曲尺楼等主要建筑。鱼池、假山、回廊、曲径，颇具江南园林风韵。林文忠公祠为全国重点文物保护单位。

（九）"文教建筑　西洋建筑"①

福州自古就有重教向学的好传统，因而培养出了许多人才。福州办教育，从唐代开始形成风气，到宋代已居于全国前列，延续至今依然如此。宋朝著名学者吕祖谦的诗就反映了这种情景："路逢十客九青矜，半是同窗旧弟兄。最忆市桥灯火静，巷南巷北读书声。"福州建有福州文庙、书院、领事教堂、医院、会馆等著名的文教建筑、西洋建筑。

福州文庙，是千年儒学文化积淀的承载地，孕育、涵养了一座城的传统文化之根，承载着闽都文脉流承的书香之源。福州文庙位于鼓楼区圣庙路，始建于唐代大历八年（773 年），现存文庙是咸丰元年（1851年）重建，于咸丰四年（1854 年）修成，按中轴线自南至北依次为外门埕、棂星门、泮池，左右有廊对列，大成门的楼厅，东、西有殿庑对列，月台、大成殿、后照壁等，占地面积 7552 平方米，建筑面积 4000平方米。

大成殿为重檐九脊顶，高踞于月台上，为福州最雄伟的殿宇。殿内藻井正中绘有北斗七星的天象。殿内四根大石柱，每根重约 16 吨。该殿为当时（清末）福州全城最高大的木结构建筑物。

福州被辟为通商口岸后，各列强纷纷在福州设领事馆。所有领事馆均在仓前山。仓前山先后共有英、美、法等 17 个国家的领事馆，这些

---

① 参见曾意丹：《福州古厝》，福建人民出版社 2019 年版，第 171 页。

建筑物大都保持各国建筑风格，一些还设有"走廊楼"或"环绕走廊"。内装修考究，采用拱卷、柱廊、线脚，以高级木料作护墙板。

美国领事馆（融合了西方古典主义、巴洛克等多种建筑风格）位于仓山区麦园路 25 号，建于 1854 年，现存二幢，均为砖木结构，建筑物仍保持原貌。正立面上下均作联拱廊，室内一向设门、二向设窗，门窗高大，采光通风条件极佳。所有顶棚、窗台、壁炉、立柱均作线脚托座。

古田会馆位于台江区三保街厝埕，建于 1915 年，会馆为砖木结构。该建筑造型优美独特，木部雕刻技艺精湛，且所有构件如斗拱、雀替、卧狮、驼峰等装修木雕均贴金箔，富丽堂皇。会馆前厅为全馆精华。会馆藻井顶棚 6 层叠井圆穹，造型优美，富立体感。底层为方形，边长 4 米。2 层以上成盂形，逐层缩小。每层用不同饰物作斗拱，中有人物、城郭、车马，顶层直径 0.5 米，中倒悬一牡丹。

福州是国家历史文化名城，历史悠久，传统文化积淀深厚。一座名城是一本厚书，古建筑则是书中重要的页码。历经沧桑岁月洗礼的福州古厝是福州历史文化的载体，贮存着大量历史信息，值得细细品读与保护。2015 年 12 月，习近平总书记在中央城市工作会议上指出："要保护弘扬中华优秀传统文化，延续城市历史文脉，保护好前人留下的文化遗产。要结合自己的历史传承、区域文化、时代要求，打造自己的城市精神，对外树立形象，对内凝聚人心。"[①] 未来始于今天，要保护好古厝，珍视文化遗产，传承中华文明，留住一座城市的"根"与"魂"。

---

① 《中央城市工作会议在北京举行　习近平李克强作重要讲话》，《人民日报》2015 年 12 月 23 日。

第四节 教学小结

1. 福州是位于东海之滨的福建省省会、国家历史文化名城。2200多年的建城历史积淀了福州深厚的历史文化内涵，"城在山中，山在城内，水在城中，城在水边"是对其优秀城市空间形态的赞誉。作为一座国家历史文化名城，追根溯源是极其必要的。而位于福州城中轴线北端的冶山春秋园是福州历史文化名城的重要构成、闽越文化的重要发源地，也是福州古城风貌的核心组成部分。大力挖掘冶山附近的历史古迹，对于了解福州历史文化的源头具有十分重要的意义。

2. "一座馆，一部福州建城文化史"，这是位于镇海楼负一层的福州历史文化名城展示馆给人的第一印象。它能让人在最短的时间内了解福州的历史文化，也能让参观者最直接地看到福州的发展、变化。走进福州历史文化名城展示馆，我们了解了福州古城是继承和发展了《周礼·考工记》所描述的"理想王城"的规划思想，是中国传统省会城市营造的典范；走进福州历史文化名城展示馆，那诸多的展陈物无一不明确地告诉大家：福州是国家历史文化名城，历史悠久，传统文化积淀深厚。

3. 一座名城是一本厚书，古建筑则是书中重要的页码。福州古厝是历史文化遗产中的瑰宝，是一种建筑艺术与工艺的代表。福州古厝除了有历史、文化、经济、旅游价值之外，还具有一定的政治、民族性象征等意义。我们进行古厝保护不仅是保护建筑本身，更是保护建筑之内人们的生活状态和人文内涵。比如2008年，镇海楼又重新伫立于屏山之上，福州人对镇海楼的这种情感，其实是对居住环境的一种热爱，对镇海楼历史文化的认可和信任，并对其寄托了一种避灾的美好愿望。

因此，保护文物，修缮古厝，就是保存文脉，守护根魂！正是对文明根脉的孜孜探求，让福州古厝这张金色名片熠熠生辉；正是对文化传承持续发力，让闽都文化充满魅力、凝聚人心。

第三章　山水福州　文化乌山

——乌山历史风貌区现场教学

第一节 教学安排

一、教学主题

了解乌山历史文化底蕴，展示乌山修复成果，凸显福州历史文化名城的城市特色，突出乌山"还山于民"的修复理念与具体实践。

二、教学目的

本次现场教学通过参观修复后的乌山历史风貌区，促进学员对福州历史文化底蕴的了解，并深入学习"还山于民"的理念，深刻感受习近平总书记的为民情怀。通过了解乌山历史中留存的清官、好官的事迹，激励党员干部树立"为官一任、造福一方"的公仆意识，并为更好地传承城市文脉、留住城市记忆、树立文化自信打下坚实基础。

三、教学点简介

乌山上的石头多为花岗岩，表皮经风雨侵蚀发黑，故又称乌石山，简称乌山。乌山位于旧城西南边，福州城市历史中轴线的中段，与屏山、于山相对峙，海拔 86.3 米，总面积 0.273 平方千米，景区风景秀丽，历史悠久，自唐代起即成为著名的风景胜地，被称为"三山"之首。据有关史料记载，乌山共有三十六奇、五十五景。山上怪石嶙峋，林壑幽胜，天然形肖，素有"蓬莱仙境"的美称，且拥有众多的历史文化遗存，包括古树名木、摩崖石刻造像、各级文物保护单位、保护建筑、历史建筑、历史构筑物等。其中，保留有自唐朝至清朝的 200 多处摩崖题刻，这些摩崖题刻与乌塔、造像均为全国重点文物。[①]

图 3-1 乌石山

乌山传说是因汉朝九仙射乌而命名。据《乌山志》记载："射乌……相传汉何氏九仙九日登高，引弓落乌于此，故名。"唐天宝八年（749 年），皇帝赐乌山为"闽山"，但后来人们专呼乌山的北支一脉为"闽山"。宋熙宁元年（1068 年）程师孟知福州，他看到乌山怪石嶙峋，巍峨挺拔，可与道家的蓬莱、方丈、瀛洲诸山胜景媲美，遂将其改名为"道山"，并建"道山亭"，请曾巩作《道山亭记》。不论乌山名叫"闽山"或"道山"，从此，此山以道山亭而知名，道山亭随曾巩大名，流

① 参见董健、杨臻、宫晓曼：《乌山历史风貌区保护修复历程》，杨凡主编：《叙事——福州历史文化名城保护的集体记忆》，福建美术出版社 2017 年版，第 176 页。

42

传千古。

乌山不仅是风景旅游胜地，还是宗教、文化教育集中的历史地段，具有深厚的历史文化底蕴和丰富的历史文化价值。元、明、清时期，贤人逸士占胜结宅，和尚道士创寺建庵，令乌山上热闹非凡，名胜古迹众多。历代到访乌山的名人不计其数，全山遍布摩崖题刻，许多著名的官吏和文人，如程师孟、陈襄、湛俞、赵汝愚、朱熹、梁克家等，都在山上留下了诗文和题记。2015 年，三坊七巷历史文化街区（含乌山历史风貌区）被评定为国家 5A 级景区。

可以说，乌山是一座风景之山，是一座带有神秘色彩的传奇之山，是一座沉淀千年历史的文化名山。习近平总书记强调："历史文化是城市的灵魂，要像爱惜自己的生命一样保护好城市历史文化遗产。"[①] 目前，乌山所展现的历史文化遗存，得益于"还山于民"的理念和实践。乌山也是一座浸润着"执政为民"理念之山、一座得益于习近平新时代中国特色社会主义思想的福祉之山。

四、教学思考

1. "文化乌山"的丰富内涵与独特性体现在哪些方面？

2. 山体修复如何保留城市文化精髓？

3. 乌山"还山于民"有着怎样的借鉴意义与价值？

五、教学流程

1. 驱车前往乌山历史风貌区，时间约 40 分钟。

2. 乌山历史风貌区入口处集合，简要介绍乌山的历史地位及历史

---

① 《习近平与中国文化遗产保护》，《人民日报（海外版）》2020 年 5 月 19 日。

文化遗存，时间约 10 分钟。

3. 参观路线：双骖园—致用书院—寿山福海题刻—落景坪社坛铭题刻—海阔天空题刻—望耕台、清尘岩—邻霄台、邻霄亭，时间约 105 分钟。

4. 课程开发人员总结提升，时间约 10 分钟。

5. 返程。

第二节　基本情况

福州的"三山"——乌山、于山、屏山——三足鼎立，构成福州城的骨骼支撑、文化精髓。被誉为"三山"之首的乌山，曾因历年建设，山麓山坡消失，同时四周建筑密集，山体与城市空间分割断连，乌山逐渐成为城市"隐山"。景区游览面积不断缩减，绿林地萎缩，景点资源被围堵、损坏。景区的游览出入口均为狭窄巷道入口，入口特征不明显。

新中国成立后，党和政府十分重视乌山的保护和建设工作。1961年 5 月，乌山的乌塔、摩崖题刻以及造像被列为福建省第一批文物保护单位。"文化大革命"时期，乌山历史风貌区的许多名胜古迹及景点均受到不同程度的破坏。1980 年，福州市委、市政府决定"还山于民"，初步建成乌山风景区。

1987 年至 1999 年，福州名城保护工作处于快速发展阶段。1991年，习近平同志在福州工作期间召开文物工作现场办公会，推动制定《福州历史文化名城保护管理条例》与《福州历史文化名城保护规划》，有力促进了城市历史文化传承保护工作。1991 年版《福州历史文化名城保护规划》是福州首部以名城保护为主旨的规划文件，其保护范围为古城区，认为"三山鼎立、两塔对峙"和传统城市中轴线是福州古城风貌的精髓，保护重点为保证"三山两塔"的城市空间艺术形象得到充分显示，保障"三山"之间相互通视。

1995 年 5 月，福州市城市规划领导小组成立，习近平同志任组长，主持编订了《福州市城市总体规划（1995—2010）》。规划要求从整体上保护历史文化名城的城市格局和宏观环境，重点保护"三山两塔一条街"空间格局，使其得以凸显而不受到破坏。由"三山"所构成的三角形范围内的建筑高度、性质、形态等方面，应加以协调和控制。在"三山"之间划定视线走廊，宽度为 100 米。视线走廊之内的建筑高度限于 24 米以下，视线走廊围合的内三角范围内的建筑高度限高 48 米。驻山所有单位不得进行新的建设，除必要设施之外，按规划逐步搬迁，实现"还山于民"。

2007 年，福州市政府、鼓楼区政府先后投入 3 亿多元，逐步拆迁 5 万多平方米与历史风貌不协调的建筑物、构筑物。福州市鼓楼区园林局作为乌山历史风貌区一期保护修复的业主单位，以搬迁占山单位、恢复三十六奇景为主要目的，按照拆迁一片、建设一片的方式，相继完成石林片区、石天——海阔天空片区、乌山北坡片区、乌山南麓片区、乌山东麓片区的保护修复；新建了乌山通湖路入口广场、乌山南入口广场和澳门路乌石山广场三个大型主入口广场；修复了澹庐、天岭 46 号、八十一阶 1 号、高爷庙等古建筑，完成胡也频故居和吴清源围棋会馆布展；改造景区路网 5000 多米，对景区内的 200 多片摩崖题刻进行保护。同时不断完善景区的绿化配置、灯光夜景、公厕及景区导览系统等基础设施建设。截至 2012 年，乌山历史风貌区一期保护修复基本完成，累计完成投资 7000 多万元，景区面积已由保护建设初期的 7.1 万平方米扩大至 15 万平方米，景区面貌焕然一新。

2019 年，乌山历史风貌区启动二期保护修复工程，这次修复的目标，是将乌山历史风貌区打造成融文物古迹保护、观光游览、山林休闲、科研教育等功能为一体，具有深厚历史文化底蕴、环境优美的公园。二期工程设计面积约 7 万平方米，投资估算约 1.1 亿元，包括省气象局乌山原址，省电视台新闻频道、公共频道和 101 台等地块。恢复乌山制高点邻霄台、福州四大园林之一双骖园、射乌楼等 10 余处历史景点，新建海天阁等，完善路网，对景区各类不和谐缆线进行下地，在添景的同时，还方便了出行。二期建成后乌山各大园区将连成一个整体，山体复绿面积将达 5.1 万平方米，景区面积从 15 万平方米扩大至 22 万平方米。修复后的乌山"长"得更大、景色更佳。

第三节　主要内容

一、双骖园

双骖园是 100 多年前福州知名藏书家龚易图斥资修建的 4 处园林之一，以山石、荔枝和藏书著名。之所以叫双骖园，是因为龚易图的祖上有"双骖亭"，后在乌山建了书院，所以还叫这个名字，以示不忘先泽也。骖，本义是古代驾在车前两侧的马。1932 年《福州旅行指南》曾介绍双骖园"遍植荔枝，水由岩下，汩汩有声，清澈不涸"。

在右侧石崖，可见到龚易图当年为纪念择地建园所撰铭文的摩崖石刻。"奥旷之区，是谓神谷。不廓而容，不凿而朴，敷草木以华。曰：

其书可读，其人无所长而能不凝滞于物。醉与醒，清与浊，乐其同，忘吾独。丁丑之冬，闽县龚易图偕其戚刘忻、季弟彝图卜筑既成泐铭于石。"

此方石刻，包含了传统士大夫读书、独乐的思想。

有史料记载，光绪六年（1880年），双骖园的乌石山房藏书共计5万多卷，为福建省之冠。龚易图为自己的藏书楼题联曰："藏书岂为儿孙计，有志都教馆阁登。"19世纪初，福建省通志局编撰《福建通志》时，需要大量有关的地方文献，还曾向龚家求助。1952年，龚氏家族将15000余卷、4000余册书籍捐献给福建省图书馆。如今在福建省图书馆的特藏部，设有龚家书籍专架。

"双骖园"是统称，原有园子包括"乌石山房""餐霞仙馆""五万卷藏书楹""修到梅花书屋""袖海楼""啖荔坪""浴翠渠""俱有亭""陵虚台""注契洞天""福地廊"等。可以想象，当时"双骖园"的规模之大。

20世纪50年代初，双骖园被福建省气象局征用，原有的建筑景观逐步消失，目前这些都是根据历史资料还原所建。双骖园是乌山历史风貌区保护建设二期工程的重要组成部分，经过修复焕发新颜，是"还山于民"新思想的重要体现。

二、致用书院

致用书院是清代福州四大书院之一，原是福州西湖旁的西湖书院。致用书院，取"学以致用"之义。光绪年间，因西门外地势低注，频遭洪水之患，书院后移往地势较高的乌石山范氏祠堂（范承谟祠堂）左侧。

这所书院从成立到停办（1873—1905年），历时32年，书院虽小，办学也不长，但小而精，培养了不少出众人才，如研究经学、文学的黄增；研究史学的张亨嘉，他是京师大学堂（北京大学前身）首任监督等。清光绪三十一年（1905年）废除科举制度，陈宝琛等改致用书院为全闽师范学堂（闽江师范高等专科学校前身）。

这栋楼原本是福建省气象局的办公楼，现在被改造成致用书院，改造前为福州市直机关幼儿园。

三、"寿山福海"题刻

"寿山福海"石刻一直以来是被埋在地下的，是在乌山历史风貌区保护建设二期工程中，拆迁福建省气象局原址石壁上发现、挖掘出来的，算得上是重见天日。这样的"考古新发现"，在乌山二期保护修复工程中还有很多，此前它们被各种建筑基础掩埋。

福州是山海之城，有山有海，习近平总书记来福建考察时就说："希望继续把这座海滨城市、山水城市建设得更加美好，更好造福人民群众。"[①]"寿山福海"被挖掘出来，对福州来说，是令人振奋的，像山一样长的寿，如海一般多的福，这是对这座城市最大的认同和祝福了。寿与福文化在乌山上占有重要位置，除此处外，还有旧涛园的寿，邻霄台的寿，朱熹的福等，讲述乌山和福州的寿福文化。

四、落景坪社坛铭题刻

落景坪，乌山三十六奇景之一，一直以来也是被建筑挡住，杂乱不堪，在乌山历史风貌区保护建设二期工程中被重新恢复。这块巨石其实就是乌山的最高峰邻霄台，上面曾经有一个社稷坛。

---

① 《习近平在福建考察时强调　在服务和融入新发展格局上展现更大作为　奋力谱写全面建设社会主义现代化国家福建篇章》，《人民日报》2021年3月26日。

图 3—2　"寿山福海"石刻

图 3—3　落景坪社稷坛石刻

北宋元祐五年（1090 年）春夏之交，闽江发生特大洪水，很多地方被淹没了，灾情严重。时任福州太守的柯述一方面积极赈济灾民，另一方面在邻霄台按古代规制重新扩建社稷坛。社稷坛于第二年春天落成，当时他撰写了《大宋福州社坛铭》。铭文如下：

予谓祭主敬，不敬如不祭。社稷岁再祭，所以为民祈报，以政莫先焉。予守兹土，视其坛地污且隘，不足以行礼，乃广而新之。坛壝器宇，靡不周备，敢不以告于后之人。于是敕铭于坛之东南乌石山之顶，前为亭曰"致养"，以其当州之坤焉。《铭》曰：后牧民，天乃食。维社稷，作稼穑。风雨雷，赞生殖。叶时日，祭有秩。岁庚午，夏率职。即坤维，眡坛域。地污隘，制匪式。爰广新，古是则。辛未春，工告毕。斋有厅，器有室。旸若雨，事咸饬。后之人，敬无芎。元祐六年三月，柯述撰，王裕民书。

里面有句："为民祈报，以政莫先焉。"意思是为民祈愿、为民求报是第一位的政事，表明以民为先、以民为本的思想。

柯述是北宋的清官廉吏，他是泉州人，为官颇有政绩，为人正直，极为清廉，从不妄取不义之财，辛勤理政为百姓办了不少好事实事。柯述为官清廉以及种种政声故事，引起远在都城开封的宋神宗的关注。他特地命人将柯述召到京城面见，对他赏识有加，还特地在别殿的屏风背面记下柯述的大名，准备日后重用。不久，柯述就被提升为怀州知州。

柯述两次出知福州，还当过福建提刑官、湖南转运使、漳州施赈副使，直至朝议大夫、龙图阁学士。无论是当地方官，还是在朝廷为官，柯述依旧抱持准则，廉政清勤，政绩昭彰。特别值得一提的是，北宋熙宁八年（1075 年），漳州大旱灾，柯述出任漳州施赈副使期间，处理赈务时极为认真，有条不紊又公平合理，救活饥民无数，深得饥民崇敬，饥民感念不已。后来，当地百姓特建祠祭祀，追念其功德。据传，漳州赈灾过程中，有两只喜鹊一直停栖在柯述住的馆舍，当他离开漳州时，漳州百姓依依不舍，送行几十里，而那两只喜鹊竟然也相伴相随，跟着飞了很长路程，久久不忍离去，时人称异，传为佳话。柯述的后代亦以此为荣，遂以"瑞鹊传芳"作为家族衍派堂号，世代传衍，直至今日。

除了这位"为民祈报，以政莫先焉"的北宋柯述，还有在福州执政的"北宋第一诤臣"蔡襄，有疾呼"太守与民争利，可乎"的福州知守、北宋文学家曾巩，有提出"能无愧明德，为天下重"的南宋赵氏宗亲赵希⺊弋（造字，读 yì），有宋代抗金名将李纲，他的那句"但得众生皆得饱，不辞羸病卧残阳"与杜甫的"大庇天下寒士俱欢颜……吾庐独破受冻死亦足"的境界相同，有"铮铮铁骨显风骨""一片冰心藏清廉"的明代官员龙国禄，有"黎公在，乌石在，平倭荡寇，功昭日月"的明代将军黎鹏举，有"为念民劳登此台""为官者要在一邑则荫一邑，在一郡则荫一郡，在天下则荫天下"的清代福州知府李拔……担任监察使命的林廷玉、薛梦雷、林文秩、李元阳、樊献科等，也在乌石山留下了表明心迹的文字。

政声人去后，民意闲谈中。千百年来，这些清官、廉官、好官，留在乌山上，留在百姓心中，人们瞻仰着他们，崇敬着他们，为他们在这座城市郑重地留下一方位置，这是对他们"执政为民"精神的尊崇与怀念，也是对"政声"与"民意"交相回响的最佳诠释。

五、"海阔""天空"题刻

"海阔""天空"石刻是在乌山历史风貌区保护建设一期工程中恢复的。两处石刻一左一右相隔 10 余米，过去由于断头路的阻隔，无法同时欣赏，如今可以一饱眼福了。

"海阔""天空"题刻只有雕刻时间，没有落款署名。究竟出自何人之手，长期以来一直是个谜。有说是乾隆写的，还有说是康熙所题，经考证都不切实。还有学者推断是当年倡议并主持修复乌石山文化景观的侍御萧震所刻。

图 3—4 "海阔""天空"石刻

福州是海洋城市，包容是它的特点，也是它的生命力所在。在乌山，我们置身"寿山福海"，望眼"海阔""天空"，这就是福州人的福气。

六、望耕台、清尘岩

望耕台，即清尘岩顶之石台。以前乌山脚下还是一片农田，那时在此台俯瞰福州城南郊，只见阡陌纵横、田畴秀错，无限风光尽收眼底。

清乾隆二十七年（1762 年），福州知府李拔夏日登临此石，放眼望去，农人在田中挥汗如雨、辛勤劳作。李拔体恤百姓生活艰辛，顿生悯

图 3—5　望耕台、望耕亭

农之心，题下"望耕台"三字，并建亭以纪："为念民劳登此台，公余
做啸且徘徊。平畴万亩清如许，尽载沾途血汗来。"

　　这首诗可以称作福州版的《悯农》。李拔是四川人，为官勤政，为
百姓谋福祉，被誉为"一代循吏"。他曾五次得到乾隆皇帝召见。62 岁
因积劳过度逝于湖北任上。李拔一生清正廉洁，常言："酷吏不可为，
姑息亦养奸，苟不勤，恶能治，苟不俭，恶能廉。"当李拔从福宁知府
（府治在今霞浦县）调任福州知府兼理海防时，福宁百姓不让他走，福
州人民争着抢官，一度流传"两郡争守"的佳话。

　　习近平同志在福州工作期间曾专门提道："清乾隆福州知府李拔曾
把做官与榕树作对比，他说'榕为大木，犹荫十亩，为官者要在一邑则
荫一邑，在一郡则荫一郡，在天下则荫天下'，也就是我们常说的'为

題望耕臺
為念民劳登此臺公
餘坐囑且徘徊平疇
萬畝青如許盡戴沾
塗血汗来
乾隆壬午郡守
劍南李拔書

图 3—6　望耕台石刻

官一任，造福一方’。”①

① 《习书记是胸怀大略大谋大志的领导——习近平在福州（二）》，《学习时报》2019 年 12 月 13 日。

原先建在这块巨大岩石上的望耕亭早已损毁，仅有台基尚存，2008年乌山历史风貌区保护建设一期工程施工时在这个旧址上重建了望耕亭。重建的望耕亭为六角单檐，仿古民居正六角亭式筑台，带有木制美人靠，所有木构件均采用传统工艺饰面，地面铺斗底砖。现游人不仅可登高俯瞰，还可倚亭而憩。

图3—7 清尘岩石刻

清尘岩为明代官员龙国禄所题。岩上诗为《秋日登乌石山宿绝尘禅房与海澄诸子言别》："半壁清虚证果因，白云深锁自无尘；尤怜聚散孤峰外，鹤影黄花处处新。"并注明是"万历辛丑九月望日西粤龙国禄题"。

　　这首诗是龙国禄和送别至此的海澄父老依依惜别时写的。海澄是明代漳州府的属县之一，龙国禄曾任海澄知县。海澄县距福州数百里，在当时交通甚为不便的情况下，部分民众却不畏路途遥远艰辛，毅然决然地百里相送，可见龙国禄在海澄百姓心中地位之高。

　　龙国禄有"铁骨冰心强项令"之称。对上，龙国禄敢于硬着脖子和强取豪夺对着干；对下，龙国禄能够挺起腰杆对违法乱纪说不。漳州的月港是当时全国唯一可以到东西洋贸易的合法港口，"闽人通番，皆自漳州月港出洋"，航海贸易所得的厚利让不法之徒垂涎三尺。当时督理福建税务的税监高寀（"采"音）很是贪婪，对于外出贸易的商船，课税尤重。面对炙手可热的"钦差大臣"，龙国禄毫不畏惧，和他分庭抗礼，不卑不亢。每次高寀到海澄县来，都坐着八人抬的轿子，前呼后拥，好不威风。龙国禄就下令将县城里的栅门改得又低又窄，使高寀的轿子不便于转动，大大挫伤了高寀的锐气。龙国禄还严令部下，不得听高寀使唤，并缉拿那些为高寀卖命的不法之徒，让高寀在海澄县没有帮凶。高寀曾派手下到海澄面见龙国禄，此人气焰嚣张，龙国禄当庭下令打了他一顿。虽然海澄老百姓对龙国禄的所作所为都拍手称快，但是他的做法也得罪了朝中小人。不久他因为"不善媚故"被调离海澄县，来到福州。他离开的那天，海澄的士农工商全部歇业，父老乡亲，扶老携幼，紧紧跟在他的后面，依依不舍，"攀辕卧辙数百里"才返回。

　　龙国禄的"清尘岩"题刻以及《秋日登乌石山宿绝尘禅房与海澄诸子言别》后面的故事，再一次证明了乌山是一座浸润"执政为民"理念之山！

七、邻霄台、邻霄亭

　　邻霄台地处乌山制高点，属《乌石山志》中记载的乌山三十六奇景之一。曾经有巨石上镌刻"邻霄台"三个大字。关于邻霄台的历史，更，是凸显了民生情怀。

北宋庆历五年（1045 年），蔡襄"知福州"，蔡襄在《饮薛老亭晚归》诗中写到福州城内街市热闹，城外广阔、美丽，一派繁荣美好的景象。蔡襄的诗，有多首写到乌石山，或者与乌石山有关，可见他对乌石山特别钟爱。当蔡襄登临乌石山最高处邻霄台（又称凌霄台）时，他写下一首《登邻霄台》，这首诗描述乌石山的峭拔俊秀，重在写出气势。用现在的眼光来看，乌石山绝对高度并不高，周围不少高楼大厦，挤挤挨挨，显不出乌石山的高来。但在古代并不是这样，那时候，乌石山前面、福州南台还是广阔的田野和水泽，一无遮碍，乌石山自然显得峭拔，登乌石山可以观日出，可以望见闽江风帆。

蔡襄的诗作，既写到福州地理形势的特点，又写到百姓生活的安定富足和商贸的繁荣，还写到诗人自己的生活习惯以及对于斯地斯人的热爱，流露出诗人作为福州"父母官"的自信和气度。

北宋元祐年间，福州知州柯述曾经在这里设立社坛，敬天祭地，为民祈福。邻霄台上民生情怀凸显！

邻霄台海拔虽然不高，但视野开阔，可以鸟瞰福州城外景色，人们便在此登高、放风筝。《乌石山志》记录有许多名人雅士的诗歌，现留存的历代诗作有 40 多首。从明朝到清朝，士大夫于重阳节登高乌山邻霄台极目远眺，相约赏花饮酒、赋诗韵歌频繁。重阳节之外，邻霄台不管春夏秋冬、白昼夜晚、晴天雨日，自古以来都是文人墨客登高游览、望远怀古胜地。

邻霄台实为数块巨石围合形成的石坪，其中最高的一块巨石顶部设有社稷坛，为简单的方形祭坛。祭坛与石坪间有 22 级台阶相连。

1870 年，英国摄影师约翰·汤姆森在福州拍摄了清代总督在邻霄台祭祀时的照片，照片下还加了注词：乌山顶上有一座敞开的祭坛，只立着一块粗糙的石头。到这里来要先登上岩石凿出的 18 级石阶，再走过最后的 3 级台阶，在这个花岗岩制成的石台上，摆放着简单的方形容器，容器内盛满了香灰。

20 世纪 50 年代建设福建省气象台、观测站时，巨石台的大部分被炸毁，古祭祀台亦无存，许多碑文、石刻也都毁了，只剩下部分石块和几级台阶。目前这里还是作为福建省气象台的监测点。

邻霄亭初建时名为不危亭，是目前乌山上唯一一座石亭，原属三十六奇景之一，是新修复的。

最早建不危亭的时候是用木、瓦、土、垩，据说都是称好重量的，当时的工匠约定，损坏了就不要修，修必坏。果然，后人每修辄坏。明正德八年（1513 年）不危亭改建，名"清虚亭"。康熙十一年（1672 年）侍御福州人萧震重建，名"邻霄亭"。厥后，风雨飘摇，木瓦湮没。乾隆六年（1741 年）闽浙总督德沛重建，不久亦废。

乌山上有一段摩崖石刻曾提及 1513 年重修亭子之事：正德癸酉夏月吉琼河黄仕明、冯仲良、林叔明、冯宗广、陈允亮、张尚武、赵文范、冯公器偕蒙市舶府公公尚，委督盖造清虚亭、邻霄祠、光远枋等处，至七月朓望落成丁山刻石为记。

吏部尚书林瀚（仓山林浦名人）曾在《尚公桥记》中也提到这件事，当时管理福建市舶司的太监尚春在明正德八年（1513 年）修复了西园，又命琼河一带的商铺店家集资在乌山上修建了清虚亭，也就是不危亭，还有邻霄祠、光远枋等，所以就邀请当时名公即石刻上的本地通事黄仕明等人登邻霄台宴饮、赋诗，且把此事与参加庆典宴会的人名都镌刻在峭壁上，作为纪念。《乌石山志》也记载，万历年间福州重要的

图 3—8 邻霄亭

三司官员在清虚亭宴饮、赏月并赋诗、题刻。

站在亭内，可远眺福州城的旖旎风光。在这里，我们可以 360 度观览大美福州现代与历史交相辉映的新图景。

从 1980 年乌山风景区初步建成，到 2007 年启动乌山历史风貌区保

图3—9 站在邻霄台上可俯瞰福州城

护建设和全方位综合整治，福州市始终牢记习近平同志"还山于民"的嘱托，致力走好"还山于民"的道路，不遗余力地守好福州城市的根脉。

第四节 教学小结

一、城市山体修复要注重保护自然景观与保护人文景观相结合

城市自然山体是囊括景观资源、生物资源、空间资源、人文资源等的重要地理要素，是避免城市空间形态趋同的核心元素之一，是彰显山地城市传统地貌的灵魂，其保护利用和修复不仅决定着城市山水格局的

完整性，也关系着区域生态环境的质量和品质。

福州自古形成的"三山两塔一条街"的古城空间格局，是中国古代传统建筑结合自然条件的空间布局方式的体现，堪称绝妙的城市设计创造，包含丰富的美学内涵，是福州城市建设的瑰宝。而乌山是福州古城空间形态的核心组成部分，在城市景观中占有重要地位。乌山历史风貌区以摩崖石刻、奇榕怪石为两大特色，以题刻文化、宗教文化、民俗文化为内涵，自然景观与人文景观交相融合，展现了福州优美的城市风貌和深厚的文化底蕴。乌山修复对打造高品质城市生态空间和人文环境具有重要的意义。

乌山历史风貌区在今后的保护修复中，将进一步完善乌山历史风貌区内的道路、各类市政基础设施，恢复本风貌区的历史格局与风貌，并与北侧三坊七巷历史街区、东侧文庙、于山历史风貌区形成完整的展示体系，更好地展现乌山风采，传承福州城市记忆。

二、城市山体修复要坚持"还山于民"的根本理念

城内有山是福州的特色，坚持"还山于民"的修复理念，是发挥福州城市山体特色的最佳选择。

在 20 世纪 80 年代以前，不少单位和民居都在乌山，当时的乌山与历史上的古木参天、风景幽深相去甚远。《福州历史文化名城保护规划》中指出，"驻山所有单位不得进行新的建设，除必要设施之外，按规划逐步搬迁，实现'还山于民'"。"还山于民"实际上是还景区于民，让被占用的自然风景资源重归百姓。乌山修复工程通过搬迁单位和拆除民居、开辟道路、增设广场等，最大程度地还原乌山历史风貌，渗透了更多的人文气息。经过一期、二期保护修复工程，修复后的景区融文物古迹保护、观光旅游、山林休闲等功能为一体，配套设施完整齐备，面积

达到 22 万平方米，乌山历史文化得到挖掘、整理、保护，忠实践行了习近平总书记的嘱托。

乌山承载着福州千年历史。近年来，福州持续推进乌山历史风貌区保护修护提升工程，开阔的场地不仅给市民提供了强身健体、休闲娱乐的空间，也让市民身临其境，更加深入、深刻地了解福州的历史风貌、文化底蕴，福州城市魅力得到进一步彰显，更加深了市民对福州"有福之州、幸福之城"的情感认同。

三、领悟传承乌山文化中蕴含的"为官一任，造福一方"的执政理念

乌山上 200 多处的摩崖题刻中，有许多官员的题刻，他们是福州乃至福建军政长官和监察御史，亲民、悯民、清正、廉政，是百姓心中的好官、清官。习近平同志在福州工作期间，多次以李拔等诸多在福建从政的优秀官员的事迹激励党员干部。1990 年 9 月，习近平同志在《领导科学》杂志发表署名文章《为官之道》，提出："为官之本在于为官一场，造福一方……从做官的第一天起，就要思考为什么要当官和当什么官这两个问题……当官，当共产党的官，只有一个宗旨，就是造福于民。"[①] 这体现了他一贯以来秉持的为民服务的执政理念。

"为官一任，造福一方"是古往今来官员们的目标追求和价值体现，也是清官廉吏的评判标准，传承至今。如今，"为官一任，造福一方"的精神已成为中华优秀传统文化的重要组成部分，成为广大党员干部干净干事、清白为官的生动样本。全体党员干部特别是领导干部务必要将"为官一任，造福一方"的优良文化传统内化于心、根植于心、外化于行。

---

① 习近平：《为官之道》，《领导科学》1990 年第 9 期。

第四章　历史名山　红色永续

——于山风景区现场教学

第一节　教学安排

一、教学主题

通过学习于山的历史文化及保护开发现状，深刻认识于山既是一座历史文化底蕴深厚的名山，也是一座富有红色文化，可以进行爱国主义教育的红色圣地。

二、教学目的

1. 通过在于山的研学走访，了解于山名胜古迹的保护现状，深刻领会习近平总书记指出的"保护好古建筑、保护好文物就是保存历史，保存城市的文脉，保存历史文化名城无形的优良传统"[①] 的深刻含义。

2. 通过参观于山的戚公祠、福建人民革命大学旧址和辛亥革命纪念馆，引导学员学习体会古今仁人志士的爱国情怀及革命先辈"全心全意为人民服务"的革命精神，激励学员成为"忠诚、老实、干净、敢担当"的好干部。

三、教学点简介

于山位于福州城区中心鼓楼区东南隅，与乌山隔街相望。海拔58.6米，面积15.4万平方米，形似巨鳌，最高点为鳌顶峰。

---

① 《习近平在福建保护文化遗产纪事》，《福建日报》2015年1月6日。

　　于山相传因战国时期有一支古氏族"于越氏"而得名。汉代有临川何氏九兄弟在此炼丹修仙，故又名"九仙山"。闽越王无诸曾于九月九日在这里宴会，亦名"九日山"。于山作为福州三山之一，自古以来人文荟萃，名胜众多，有二十四奇诸胜，有自宋代以来的摩崖石刻160多处，周围山麓多有名人故居、精舍、书院、书楼等，是福州重要的历史文化宝库。

　　于山是一座充满爱国主义教育氛围的红色名山，从古至今，无数爱国志士仁人在此谱写了为国为民的动人篇章。戚公祠正是其中具有传统建筑特色的古建筑之一，习近平同志在《福州古厝》序里提道："当我们来到戚公祠，似乎可以感受到它正气宇轩昂地向我们介绍戚将军带领着戚家军杀得倭寇丢盔弃甲的战史。"[1] 山上除了有纪念抗倭英雄戚继光的戚公祠，还有辛亥革命纪念馆、爱国文化名人郁达夫纪念馆、福建人民革命大学旧址，同时，这里也是蔡廷锴、李济深等人在福建发动反蒋抗日事变的地方。于山是福建人民十分敬仰的地方，也是教育引导党员干部树立全心全意为人民服务的重要红色教育基地。

四、教学思考

　　1. 结合习近平同志在《福州古厝》序里提到的："当我们来到戚公祠，似乎可以感受到它正气宇轩昂地向我们介绍戚将军带领着戚家军杀得倭寇丢盔弃甲的战史。"谈谈你参观戚公祠的感受，以及对古厝进行保护的现实意义。

　　2. 福建人民革命大学建校50周年之际，时任福建省代省长的习近平同志在贺信中指出："福建革大的历史是一部光荣的历史、一部奋斗的

---

① 参见习近平同志为雷意丹著《福州古厝》（福建人民出版社2019年版）所作的序。

历史，为我们今天进行改革开放和经济建设留下了宝贵的精神财富。"请结合参观，谈谈你所理解的宝贵精神财富是什么，及其对自身工作生活的现实意义。

3. 结合于山的开发及保护，请谈谈你是如何理解习近平总书记指出的"保护好古建筑、保护好文物就是保存历史，保存城市的文脉，保存历史文化名城无形的优良传统"。

五、教学流程

1. 驱车前往于山，时间约 30 分钟。

2. 于山南门回巡场集合，教师课前导入和布置思考题，时间约 10 分钟。

3. 步行路线：南门回巡场—革大纪念馆、碑—万象亭（介绍法雨堂直属科、火神庙直属二班位置）—白塔（定光寺）—榕寿岩—补山精舍（福建事变展厅）—戚公祠厅（革大直属一班）—蓬莱阁（郁达夫纪念馆）—喜雨台（可介绍福建人民革命大学校部、二部 1、2、5 班位置）—状元峰—辛亥革命纪念馆—南门回巡场，时间约 60 分钟。

4. 南门回巡场集合，开发人员总结点评，时间约 20 分钟。

第二节　基本情况

于山历史久远，山上植被繁茂，古木参天，风景秀丽。据初步调查，于山含周边景区内有小叶榕、黄连木、银杏、樟树等 13 种古树名木。

于山人文景观众多，有二十四奇诸胜，周围山麓多有名人故居、精舍、书院、书楼。北麓有鳌峰精舍，相传为宋朝黄勉斋先生继紫阳设教处；红雨楼、绿玉斋、宛羽楼皆明代学者徐𤊽、徐𫓧兄弟居住和藏书之所；天开图画楼，明少参郑速曾居此；补蕉山馆系清郭柏苍所居；赌棋山庄乃谢章铤故居；涵碧亭又名南园，明正德时，福建按察使金事章懋等常集诸生讲学于此。于山大书院，王审知任节度使时，曾于此设教并亲临评艺，论才授职。宋代闽县儒学、清代鳌峰书院、格致书院（今格致中学）、福州师范学校等皆建于于山北麓，成为教育重地。历代文人学士畅游于山之暇，吟咏赋文，留下名篇佳作，至今盛传不衰。

于山历经沧桑巨变，曾年久失修，旧时景物多已废毁。

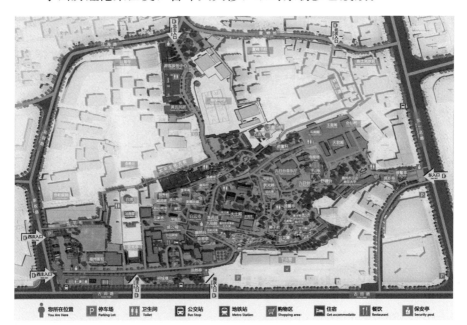

图 4—1　于山总览图

中华人民共和国成立后，尤其是 1963 年登山路修建以来，在政府有关部门的重视支持下，于山风景区管理处着手修复摩刻景观，开创兰花圃。宗教部亦重修九仙观、天君殿、万岁寺。有关部门修复白云寺

（法云寺）、大士殿、状元亭。新建福州画院、于山宾馆等为九仙山增添新景。

2017 年，《福州市于山历史风貌区保护规划（修编）》获得福州市政府批复。按照规划，风貌区以"显山露塔"，充分展现于山历史风貌区的特色景观，形成能提升福州城市形象和文化内涵的城市绿心为总体目标；重在再现古城格局，充分考虑于山、白塔作为古城空间格局核心组成部分的重要地位；再现于山—白塔、乌山—乌塔、屏山和八一七传统中轴线所组成的福州古城"三山两塔一条街"的典型城市格局。

于山历史风貌区规划形成"一山、两轴、两带、四区"的功能结构体系与框架。"一山"：即于山，以于山和白塔为主体的风貌区核心保护区。"两轴"：分别为八一七路商业更新发展轴和五一路现代商业商务轴。"两带"：分别为沿古田路的于山风貌展示带和沿鳌峰坊历史文化展示带。"四区"：分别为协和医疗服务区、鳌峰坊文化教育区、秀冶里生活综合功能区和先施商业服务区。

福州市政府实施"显山露水""还山于民"的整治工程，已开辟4.5 万平方米景点，免费对外开放。现今游人络绎不绝，千古名山重现欣欣向荣景象。

第三节　主要内容

一、戚公祠

（一）戚公祠概况

戚继光（1528—1587 年），字元敬，号南唐，晚号孟诸。山东蓬莱人，是明代杰出的军事家和诗人。他为平息骚扰沿海多年的倭患作出了伟大功绩。

戚公祠是福州市重点文物保护单位，是全国仅次于山东蓬莱的第二大纪念戚继光的园林式祠厅。戚公祠是由祠厅、平远台、蓬莱阁、醉石、文光塔、醉石亭、万象亭、榕寿岩、补山精舍以及影雕长廊等景点组成的古园林式建筑群体。厅正中供奉着戚继光的戎装正坐像，坐像边陈列记功碑残片真迹。两边主要陈列戚将军入闽的实物、文献资料和仿制兵器，详细描述了戚将军带领戚家军屡战告捷的作战经历。

自清朝至今，戚公祠历经兴衰。1933 年，国民党十九路军将领为激励全国民众的抗日斗志，集资修缮了戚公祠，并增加了许多有关抗日内容的题刻。新中国成立后，政府重视文物保护工作，多次进行修建，将戚公祠范围扩大到 4489 平方米，并列为省市级文物保护单位，为来到于山的民众提供瞻仰之地，让戚继光的爱国精神能够永远传承下去。

（二）戚继光生平

明嘉靖七年（1528 年），戚继光生于济宁南六十里的鲁桥。其父戚景通是登州卫指挥佥事，1529 年奉诏负责山东的防倭军务。武将的家庭环境对幼年的戚继光有很大的影响。嘉靖二十三年（1544 年），17 岁的戚继光承袭了父亲的武职"登州卫指挥佥事"，管理卫所军队的屯田、训练等事务，任职期间尽职尽责。

当时浙江、福建有诸多倭寇，戚继光接到命令于福建、浙江、广州沿海等地抗击来犯的倭寇，但当时旧军的素质良莠不齐，于是他大刀阔斧地改革，开除纪律不够严谨的旧军，里面甚至有自己的亲戚，招募勤劳吃苦的农民和矿工，组成新军，严明纪律、赏罚分明，并配以精良战船和兵械，精心操练，新军被世人誉称为戚家军，而倭寇则惧怕地称他们为"戚老虎"。

图 4—2　戚公祠

戚继光精通兵法，针对南方多湖泽的地形和倭寇作战的特点，审时度势，创造了攻防兼宜的"鸳鸯阵"战术，以 20 人为一队，配以盾、枪、叉、钯、棍、刀等长短兵器，因敌因地变换队形，灵活作战，每战多捷。当年，戚继光就是率领这队兵马前往福建，取得了横屿、牛田、林墩大捷，歼灭敌人 5000 多人，救出百姓 4000 多人。戚继光在蓟镇建立骑营的同时，还修建边墙台筑。这种空心敌台为明代防守工事的首创，进可攻，退可守，是我国极具特色的军事工程。在这种敌台中，立定梁柱见不到一根的木头，也正因为如此，历经 400 多年的人间沧桑，除人为破坏外，这些空心敌台依然保存完好。可见，戚继光为巩固大明江山做了多么长久的打算，使今日游人登上这些敌台也不能不为之感叹。

在 40 余年的军事生涯中,戚继光不仅指挥千军万马,南征北战,对练兵、军械、阵图等都有创见。他历时 10 余年,历经大大小小战役 80 余场,终于扫平倭寇之患。嘉靖四十一年(1562 年),戚继光率军援闽抗倭,获得横屿、牛田和林墩大捷后,班师回浙。福建官绅及老百姓曾在平远台为戚继光饯行,并勒石记功。后百姓在平远台建戚公祠纪念戚继光。

此外,戚继光在文坛上也有一定的地位。他的奏疏、书札、游记、诗作不亚于当时的文人,堪称文武双全,并写下了"封侯非我意,但愿海波平"的千古名句。在戎马倥偬中他奋笔挥毫写下了《纪效新书》《练兵实纪》等不朽的军事著作,其他著作尚有《止止堂集》,均被《四库全书》收录,为后人留下了宝贵的精神财富。

1583 年,戚继光在张居正死后被贬至广东,1588 年又被罢官,最后因一生清廉,连抓药治病的钱都没有,病死于家中,一代将星就此陨落,但是他庇佑福州百姓的精神并未就此停息。戚公祠建立后,日军畏惧于戚将军的威严之下,认为有戚将军在的地方就是他们的屈辱之地,从不敢到于山造次,也就让福州的爱国人士有了安全的聚集之地,共同商讨爱国抗日之大计,这也就不难解释为何于山这样一块方寸之地,汇集了郁达夫、蔡廷锴、蒋光鼐等的足迹。

现存的平远台是爱国将领蔡廷锴等人为了弘扬戚继光的抗倭救国精神、激励士兵抗击日本帝国主义而捐资在宋代遗址上重建的。厅正中陈列着戚继光晚年披甲戴盔的戎装胸像。展壁以多组画面展现戚继光身经百战、扫平倭寇、镇服胡虏的奇功伟绩,重现戚继光军旅生涯的光辉形象。

(三)戚继光与福州的美食

在祠堂内,我们还可以看到一种特别的物品,那就是福州非常有名的小吃——光饼。光饼是福州各种风味小吃中最常见的一种，不过，对于它的来历可不能小觑。明嘉靖四十二年（1563 年），戚继光率兵入闽打仗，兵队常因作战而无法按时进食，造成兵力的削弱。后因此饼便于携带，易于保存，就令火头军如法制作，后人感念戚继光，就取光字为光饼；后又制作出稍大微甜的饼，取名征东饼，意为征服东洋倭寇的意思。戚继光在东南沿海抗倭中，常流动作战，光饼就是戚家军的主食之一，它对抗倭的胜利起了一定的作用。

相传锅边也是戚继光的发明之一。他带兵路过一个村庄的时候，军中只剩一小袋米，根本不够全军吃，他转念一想，叫一老妇人将米磨成浆，沿着锅边将它铲下，煮出了一大锅鲜美面食，故福州的老百姓又将它称为"锅边糊"或"鼎边糊"。所以说戚将军不仅仅是杰出的军事家，更可称得上是一位美食家。

二、福建人民革命大学旧址

福建人民革命大学是在战火炮声中诞生的，是新中国成立前夕，中共福建省委为培养大批地方干部而创办的一所抗大式干部政训学校。当年福建人民革命大学校部就设在福州于山脚下，直属科设在白塔寺，直属一班设在戚公祠，直属二班设在火神庙，革大二部及一班、二班、五班也都在于山附近，还有其他部班设在福州的前后屿、福建学院、光禄坊等处。

中共福建省委对创办福建人民革命大学非常重视，从刚刚南下进入福建的长江支队和南下服务团中抽调了很多骨干担任革大各部、班的领导和教员。时任福建省委书记、省政府主席张鼎丞亲自兼任校长。1949年 9 月 25 日开学时，福建省还有 21 个县市尚未解放，第一批招收的2500 多人，大多是在福建各地坚持地下斗争的革命同志和新加入革命的进步青年。经过半年学习结业后，同学们自觉服从组织分配，奔赴全省各地，配合接管福建政权的各路大军，一起投入各地的支前、反霸、土地改革、民主建政等革命斗争和社会主义建设。福建人民革命大学当时不仅为福建培养了一大批地方干部，1953年一批福建人民革命大学毕业学员还被抽调到北京、上海、武汉、西安等地支援国家工业化建设。

熔炉炼丹心，烙印伴终生。几十年来，福建人民革命大学的学生继承福建人民革命大学的好校风、好传统，坚持心向党、志为民，全心全意为人民服务，在各条兴国创业战线中成为重要骨干，有些学生荣获全国劳动模范，省、市劳动模范或先进工作者奖誉，备受各方赞扬；有些学生在支前、剿匪等对敌斗争和生产建设中献出了宝贵生命；不少学生还担任了各级党政部门的重要领导职务。

1985年12月29日，福建人民革命大学（第一期）同学会成立，此后，同学会坚持每年举办师生春节团拜会、9月校庆庆典活动，每逢节日主动登门慰问福建人民革命大学的老领导、老校友，为帮助解决福建人民革命大学学生伍龄和离休问题竭尽心力，先后出版了《革命熔炉》《流光激情》《风范长存》《师恩难忘友谊长青》《风雨征程六十年》《一代风华》《艰苦奋斗70年》等多部书籍；与福州电视台合作拍摄了反映福建人民革命大学历史和革命精神传承的电视专题片——《干部摇篮焕光辉》。

2015年9月25日，福建人民革命大学旧址纪念碑在于山风景区戚公祠落成揭幕。时任福建省委常委、组织部长姜信治同志代表福建省委在致辞中指出："福建人民革命大学的历史，是一部光荣的奋斗历史，也是教育和启迪后人的宝贵的精神财富，值得永远铭记。"2017年9月，福建人民革命大学旧址纪念碑配套工程竣工，成为于山风景区红色文化的一道亮丽风景。

三、福建事变展厅（补山精舍）

补山精舍始建于北宋年间，原建筑早已不可考，现存的木构房舍是清道光年间建的，现为福建事变展厅。

1931年，日本侵略者侵犯我国，民族危机日益深重。1933年，陈铭枢、蒋光鼐、蔡廷锴等国民党十九路军将领受到全国抗日救亡运动的影响，接受中国共产党的抗日主张，联合李济深等国民党内部爱国力量，于11月20日在福州发动事变，宣告成立中华共和国人民革命政府（简称福建人民政府），公开与蒋介石政权决裂，并实行联共抗日政策，与中华苏维埃共和国临时中央政府及工农红军签订《反日反蒋的初步协定》，展开了抗日反蒋斗争。

图4—3 福建事变展厅

"福建事变"虽然仅经历了短短50多天，但对于中华民族抗日统一战线的建立和扩大等起了一定的促进作用，影响深远，意义重大。它是我国新民主主义革命史上的一件大事，是中华民族英勇不屈、寻找抗日救亡道路的又一悲壮史实，在中国现代史上占有重要的地位，产生了重要影响。

蔡廷锴等国民党爱国将领，第一批站出来反蒋、联共、抗日，从一

图4—4　"国魂"石刻

个侧面反映了全国人民的爱国热情和必胜信心，有利于全国抗战局面和抗日民族统一战线的形成。"福建事变"为中国共产党抗日民族统一战线理论的创立提供了客观依据，也为后来妥善解决西安事变提供了宝贵借鉴。毛泽东在延安曾感慨："无论蔡廷锴们将来的事业是什么，无论当时福建人民政府还是怎样守着老一套不去发动民众斗争，但是他们把本来向着红军的火力掉转去向着日本帝国主义和蒋介石，不能不说是有益于革命的行为。"① 这深刻指明了福建人民政府在中国人民革命胜利进程中的历史地位。

四、辛亥革命纪念馆（大士殿）

大士殿后一块巨大石灰岩石碑为清乾隆四十四年（1779年）闽浙

---

① 《毛泽东选集》第 1 卷，人民出版社 1991 年版，第 146 页。

总督三宝上疏，得乾隆皇帝恩准后竖立的，碑上方镌刻的是乾隆皇帝御书的《摩诃般若波罗蜜多心经》，至今已经有220多年历史。碑面记述了男相观音转化为女相观音的变化过程，成为研究这一变化的实物证据，这在福建省内是仅有的，在全国也是极为罕见的。现在大士殿就成为辛亥革命福州战役的重要纪念地，属省级文物保护单位。

图4—5　辛亥革命纪念馆（大士殿）

　　福州市辛亥革命纪念馆成立于1991年，2004年由原林觉民故居迁至于山，设在真龙庵内，陈列有《辛亥革命在福州》《辛亥革命时期福州仁人志士》等专题，除图片、实物展览外，突出以林觉民、方声洞为代表的福州籍十杰生平介绍，以及那感人肺腑、催人泪下的林觉民《与妻书》、方声洞《禀父书》等。

五、白塔（报恩定光多宝塔）

　　白塔是后唐开疆闽王王审知为感谢父兄的养育之恩而为父兄超度亡

灵，于唐天佑元年（1354年）招募工程名匠在这里建起的。这在当时堪称杰作的七层高塔，据传因在建塔施工中开挖塔基时发现了一颗硕大的夜明珠而定名为"报恩定光多宝塔"，又因全塔身涂布了白色涂料（早年为石灰，今为水泥漆）而俗称"白塔"。

在五代的后梁，梁太祖朱晃称帝登基时，闽王便将塔和寺一起献上，为梁太祖祝福，将塔改名为"万岁塔"，寺也改为"万岁寺"。然而后梁王朝存在的时间毕竟太短暂了，只存在16年就被后唐取代了，塔名后来还是恢复了"报恩定光多宝塔"。这一高大精美的砖木结构、阁楼式建筑，工期短、费用低、造型美观，是建筑史上的奇迹。它改变了传统"堆山造塔"的笨拙方法，应用了砖轴在内，木构在外，层层互相照应的新方法，在短短的半年内建起了50多米高、环围65米的雄伟高塔。

据记载，明嘉靖十三年（1534年），一场雷火把白塔击焚了。过了14年，由抗倭名将张经和乡绅龚用卿等人集资，在焚余的砖轴上加固重建，在塔内加装木梯，但高度比原来的低了1/4，只剩下现在的41米。明嘉靖二十九年（1550年），倭变，召兵屯此，撤毁殆尽，寺僧散去。万历年间，僧碧云住山，募缘修葺。后年久失修，崇祯年间，住持静庵募缘重修。清顺治十六年（1659年），飓风大作，层级剥落。释静庵之孙一微，克承先志，捐金倡建，得诸宰官、善信乐助，于康熙二年（1663年）费白金200余两重修，释道需为记，后屡经修葺。中华人民共和国成立前夕，塔壁剥落，木柱云梯腐朽不堪。1956年，经福建省人民委员会公布为第一批省级文物保护单位。1958年，福建省人民委员会拨款2.3万元修塔，为避雷击，新装避雷针以保安全。1958年9月，经福州市人民委员会公布为市级文物保护单位。1963年12月5日，立碑。

第四节 教学小结

一、保护于山历史文化的重要意义

福州拥有 2200 多年的建城史，孕育了独特的闽都文化，也造就了富有福州特色的古建筑群，每一座古建筑，都记载着一段历史文化。文物和文化遗产是不可再生、不可替代的资源。于山作为福州三山之一，自古以来人文荟萃、名胜众多，有二十四奇诸胜，有自宋代以来的摩崖石刻 160 多处，周围山麓多有名人故居、精舍、书院、书楼等，是福州重要的历史文化宝库，是我们先人智慧的结晶，值得我们敬仰并为之骄傲。

于山也是一座充满爱国主义教育氛围的山。《福州古厝》序里提道："当我们来到戚公祠，似乎可以感受到它正气宇轩昂地向我们介绍戚将军带领着戚家军杀得倭寇丢盔弃甲的战史。"参观戚公祠，我们不仅可以感受到民族英雄捍卫国家和民族尊严所迸发的英勇气概，也能激发起我们爱国爱家、为祖国人民甘愿牺牲一切的豪迈激情。

为此，我们要加强古建筑保护，积极推进文物保护利用和文化遗产保护传承，挖掘文物和文化遗产的多重价值，让更多文物和文化遗产活起来，让闽都文化在古建筑保护中传承创新，让闽都古城彰显现代城市个性。

二、弘扬革大精神，做忠诚干净担当的好干部

参观福建人民革命大学旧址，我们就能深刻体会到当年革大学子矢

图4—6　于山正门

志不渝为福建全境解放、捍卫新生政权、建设新福建的丹心，有助于引导党员干部继承革大精神，树立全心全意为人民服务的坚定决心，努力把自己锻造成忠诚干净担当的好干部。

第五章　名人汇聚　传承文脉

——三坊七巷历史文化街区现场教学

第一节　教学安排

一、教学主题

通过参观走访林觉民故居、严复故居、二梅书屋、水榭戏台、陈衍故居、许厝里（三坊七巷保护修复成果展）等地，深入了解习近平总书记在福州工作期间高度重视历史文化名城保护，福州市委、市政府不遗余力推动文物和古建筑保护所做的多项开创性探索和实践。

二、教学目的

1. 通过参观了解三坊七巷保护过程与开发现状，深刻体会福州历史文化名城的深厚底蕴以及独特的建筑特色，增强闽都文化自信。

2. 通过了解习近平同志对三坊七巷的保护，深刻体会福州市卓有成效的历史文化遗产保护给市民带来的获得感、幸福感。

3. 通过了解三坊七巷的名人及其事迹，深刻领会深厚的历史文化底蕴对于人文环境的影响以及传承文化、留住根脉的必要性。

三、教学点简介

三坊七巷历史文化街区位于福州市中心，总占地面积 39.81 万平方米，以南后街为中轴，东西平行排列十条坊巷，西边自北向南分别有衣锦坊、文儒坊和光禄坊三个坊，东边自北向南有杨桥巷、郎官巷、塔巷、黄巷、安民巷、宫巷和吉庇巷七条巷，坊中巷道相连，形成了坊中有巷、巷巷相通的棋盘状格局。三坊七巷文化资源丰富，是中国古代城市街巷和建筑文化的历史缩影，是中国近现代化进程的见证；同时也是福州非物质文化遗产重要聚集地。街区保护开发工作历经 10 余年磨砺，先后获选"中国十大历史文化名街区""国家 5A 级旅游景区""全国生态（社区）博物馆"以及联合国教科文组织"亚太区文化遗产保护奖"等荣誉称号，并入选世界文化遗产中国预备名录。

四、教学思考

1. 三坊七巷历史文化街区为什么会成为"中国十大历史文化名街"？在三坊七巷的保护和修复过程中有哪些经验值得借鉴和推广？

2. 为什么三坊七巷历史文化街区会被誉为"一片三坊七巷，半部中国近代史"？

3. 我们如何以实际行动保护好古建筑、保护好文物，保存城市的历史和文脉？

五、教学流程

1. 驱车前往三坊七巷，时间约 30 分钟。

2. 参观林觉民、冰心故居，时间约 20 分钟。

3. 参观严复故居，时间约 30 分钟。

4. 参观二梅书屋、小黄楼、水榭戏台，时间约 50 分钟。

5. 参观许厝里三坊七巷保护修复成果展，时间约 25 分钟。

6. 参观林则徐纪念馆，时间约 25 分钟。

7. 参观互动研讨、总结提升，时间约 10 分钟。

8. 返程。

第二节　基本情况

三坊七巷历史文化街区位于福州市中心，坊巷内保存较为完好的明清古建筑有 159 处，其中全国重点文物保护单位有 15 处，省、市、区级文物保护单位有 14 处，被誉为"明清建筑的博物馆"。这里历代名人辈出，曾走出 400 多位名人，仅近现代就有 150 多位，如大家耳熟能详的林则徐、严复、沈葆桢、陈宝琛等，福州先贤们在危难时刻的上下求索，在觉醒年代的奋发图强，以及献身革命的大义凛然，无不谱写了"开风气之先，谋天下永福"的热血故事，因此三坊七巷是一片"近代名人的聚居地"，有着"一片三坊七巷，半部中国近代史"的美誉。

第三节　主要内容

一、林觉民、冰心故居

林觉民、冰心故居位于三坊七巷北隅的杨桥东路 17 号，占地面积 694 平方米。原系林觉民祖辈七房人家的聚居地，林觉民于广州起义殉难后，林家为避祸迁离，将房屋让售给冰心的祖父谢銮恩，冰心 11 岁时跟随父亲回到福州，曾住在这里，度过了两年多的愉快时光。

冰心在《我的故乡》一文中写道：那时我们的家是住在"福州城内南后街杨桥巷口万兴桶石店后"。这个住址，现在我写起来还非常地熟

图5—1 林觉民、冰心故居

悉、亲切，因为自从我会写字起，我的父母亲就时常督促我给祖父写信，信封也要我自己写。这所房子很大，住着我们大家庭的四房人。祖父和我们这一房，就住在大厅堂的两边，我们这边的前、后房，住着我们一家六口，祖父的前、后房，只有他一个人和满屋满架的书，那里成了我的乐园，我一得空就钻进去翻书看。……我们这所房子，有好几个院子，但它不像北方的"四合院"的院子，只是在一排或一进屋子的前面，有一个长方形的"天井"，每个"天井"里都有一口井，这几乎是福州房子的特点。这所大房子里，除了住人的以外，就是客室和书房。几乎所有的厅堂和客室、书房的柱子上、墙壁上都贴着或挂着书画。

据曾任福州市文物管理委员会常务副主任、福州市博物馆馆长的黄启权老先生回忆：当时，在林觉民故居二进大厅廊前，习近平同志问他："老黄，这里是不是林觉民故居？"他回答："对，我们站的地方就是林觉民故居的大厅。""好，我们就决定把它保护下来，进行修缮。"①
习近平同志的话语很简洁。

这座宅子就是在习近平同志任上保护下来的三坊七巷第一座名人
故居。

在1991年的福州文物工作现场办公会上，除了决定修复林觉民故
居之外，还决定对全市各级文物保护单位全部挂牌立碑；名人故居、遗
址采取多种形式挂牌，并一律建立档案。紧接着，3月11日、12日，
省、市人大代表视察福州市文物工作；3月12日下午，在视察意见的
反馈会上，正式提出用市人民政府挂牌形式从速保护一批名人故居、历
史纪念地、代表性建筑。经有关部门近半年的调查研究，1991年9月，
福州市政府公布了一批64处市、区名人故居，比照市级文物保护单位
予以挂牌保护。这其中，在三坊七巷内的建筑占29处。从1991年10
月到1992年1月，这64处名人故居全部挂上了不惧风雨、由搪瓷烧制
的"福州市名人故居"铭牌。这也是新中国成立以后，福州市公布的最
大一批名人故居。由于采取紧急措施，福州市抢救了一批文化遗产。

事实证明，从速挂牌不失为一种保护的好办法，取得了明显的效
果。经过近30年的发展，这64处挂牌的名人故居中，已有29处被提
升为全国重点或省级文物保护单位：有16处公布为全国重点文物保护
单位，即林则徐故居、林则徐出生地、沈葆桢故居、郎官巷严复故居、
林觉民故居、陈承裘故居、林聪彝故居、光禄坊刘家大院、刘冠雄故
居、郭柏荫故居、小黄楼、二梅书屋、王麒故居、欧阳氏花厅、叶向高
故居、朱紫坊萨镇冰故居；还有13处公布为省级文物保护单位，即邓
拓故居、陈衍故居、宫巷刘齐衔故居、大光里陈元凯故居、中山堂、泉

---

① 杨凡主编：《叙事——福州历史文化名城保护的集体记忆》，福建美术出版社2017年版，
第479页。

山仁寿堂、补山精舍、新四军驻福州办事处、谢家祠、琉球馆、侯德榜故居、林森公馆、螺洲陈氏五楼。其中绝大部分挂牌故居都已得到保护修复，而且大部分实行对外开放，成为福州市文物史迹中一笔珍贵的财富。

二、南后街

三坊七巷历史文化街区起源于晋代，其坊巷格局形成于901年，距今有1100多年的历史。三坊七巷历史文化街区的保护修复工程自2005年全面启动。

图 5—2　南后街

2009年，荣膺"中国十大历史文化名街"称号（同时获此殊荣的还有北京国子监、哈尔滨中央大街、黄山市屯溪老街等）。2009年7月19日上午，在中国历史文化名街福州三坊七巷揭牌仪式上，时任国家文物局局长单霁翔致辞说，作为现今国内保存最完整、最具特色、最具文化底蕴的历史文化街区之一，三坊七巷是当之无愧的历史文化街区保护的典范。

2012 年，街区入选中国世界文化遗产预备名单。

2012 年 6 月 10 日，三坊七巷古建筑壁画修复被评为 2011 年度全国十大文物维修工程。

2015 年，荣获联合国教科文组织颁发的"亚太地区文化遗产保护奖"。

2022 年 3 月，"赓续历史文脉　打造闽都品牌——三坊七巷历史文化街区文化遗产旅游案例"入选"2021 年全国十佳文化遗产旅游案例"和"2021 年全国文化遗产旅游优秀案例"。

三、郎官巷

据记载，宋代时这条巷子里曾经住着一位叫刘涛的人，位居郎官，并且他的子孙好几代都是郎官，满巷生辉，于是这条巷子干脆就叫郎官巷了。郎官，是封建社会的官名，为五品以上，专门负责为皇帝出谋划策，虽然品级不高，但很受皇帝器重。巷子里的石板路是原汁原味留下来的，在这条巷子里走出了许多历史名人，有北宋时代郎官刘涛、进士刘若虚、"海滨四先生"之一陈烈、清代爱国诗人张际亮、戊戌变法"六君子"之一林旭、近代启蒙思想家严复等。

四、严复故居

严复（1854—1921 年）是近代启蒙思想家、翻译家、教育家，严复故居是他晚年居所。1920 年底，严复回到福州，居住在这里，直至1921 年病逝。虽然居住时间不长，但这里是他落叶归根的地方。故居坐北向南，为清代建筑，总占地面积 625 平方米，分为主座和花厅两部分，主座部分是典型的福州古民居，花厅则是清代末期民国初期中西合璧的建筑。故居建于清代同治年间，距今有 140 多年的历史。1992 年，福州市人民政府对严复故居进行挂牌保护。2003 年，严复故居修复布展开放。2006 年，严复故居被提升为全国重点文物保护单位。

图 5—3　严复故居

严复，1854 年出生于福州中医世家，他的父亲严振先是名老中医，因为医术高明，被乡亲们称作"严半仙"，但是严复的父亲并不希望他子承父业，而是希望严复可以考取功名，光宗耀祖，所以严复小的时候是被送到了私塾读书的。

在 1866 年严复 13 岁的时候，他遇到人生的第一个转折点，他的父亲因救治霍乱病人不幸染病身亡，从此家道中落，他的母亲靠做针线活支撑一家五口生计已十分吃力，再无余力支付严复学习的费用，严复也差点就辍学了。就在这时传来了左宗棠在马尾创办船政学堂的消息，这是一所新式的学堂，不收学费，食宿全免，而且每月还发白银四两，严复决定报考。

左宗棠创办船政学堂前期工作刚刚完成，却被清廷调任西北戍边，临行前他三顾茅庐请出了住在三坊七巷宫巷内，还在丁忧期的沈葆桢出来主持船政工作。沈葆桢接手船政后开始招收第一批学员，他当年出的考题是《大孝终身慕父母》，这个题目对严复来说实在太有感触了，因为严复的父亲刚刚去世，所以他的文章是一气呵成，深深感染了母亲也刚去世的沈葆桢，所以当年的严复以第一名的成绩被录取。而沈葆桢在当年建立起了一支非常强的海军队伍，他本人也被称为"中国船政之父"。

船政学堂开了中国理工科教育先河，培养和造就了中国近代工业技术人才和杰出的海军将士，分为制造、驾驶前后两学堂，严复在后学堂学习驾驶技术，学习的课程内容以西方自然科学为主，使用原版教材，由外籍教师授课。5年的理论学习，6年的航海实践，为严复打下坚实的西学基础。

1877年，24岁的严复作为清政府派出的第一批留欧学生，进入英国格林尼茨皇家海军学院学习，接受更为系统、更加先进的专业知识教育和实践锻炼。在英国期间他遇到了人生第二个伯乐——郭嵩焘，中国历史上首任驻英公使。郭嵩焘非常看重严复，特意让严复在海军学院多学了一年，并把他作为教职人选来培养。

1879年，26岁的严复回国后就回到了他的母校——马尾船政学堂当老师。后来严复又遇到了他人生中的贵人陈宝琛，当时李鸿章在天津创办北洋水师学堂，陈宝琛将严复推荐给了李鸿章，于是严复去了天津，到北洋水师学堂任教，从担任总教习直至学堂总办，一待就是20年，培养了许多海军人才，为民国培养了大批人才，如翻译家伍光建、临时大总统黎元洪、海军将领郑汝成等。现在的天津军事交通学院就是当时严复所在的北洋水师学堂。

曾经为了让自己的思想得到更广泛的传播，严复分别在 1885 年、1888 年、1889 年和 1893 年四次参加科举考试，虽然最终均未能通过乡试选拔，但是严复受到极大的启发，日后他的"鼓民力、开民智、新民德"思想就是得益于这几场科举考试。

严复留给我们的那句"物竞天择，适者生存"就发生在 1894 年中日甲午海战之后。中日甲午海战是中国近代史的一个转折点，同时也是严复思想转变的转折点，他的很多同学和学生在这次战役中牺牲，清朝海军损失惨重，这让作为海军教官的严复大受刺激。他在天津《直报》上连续发表 5 篇政论文章，抨击君主专制制度，提倡资产阶级民主，主张变法救亡。就是在那个时候，严复在天津翻译了赫胥黎的《天演论》，提出"物竞天择，适者生存""合群保种，与天争胜"的理论（唯有"合群"方能自存保种，更具体而言，唯有坚持"克己"，坚持"己轻群重""损己益群"乃至舍己为群的原则，中国才有存续的希望，才有与弱肉强食的"天行"抗争取胜的机会）。他的一系列思想直接推动了维新变法运动，虽然维新变法运动仅持续了 103 天就告终了。

变法失败亦引发了民间支持更为激烈的改革主张，推翻帝制建立共和。严复本人反对洋务派"中体西用"的观点，同时也不赞成暴力革命的做法。1905 年，他和孙中山在伦敦会面，严复对孙中山的暴力革命主张明确表示异议，认为即使把一个暴君推翻了，接下来还会是暴君统治。由于国民素质整体不行，所以先要从教育着手，以逐渐更新进步。孙中山当时说："俟河之清，人寿几何？君为思想家，鄙人为实行家。"并在 1911 年推翻清朝统治建立民国政府。

严复与袁世凯是故交，袁世凯准备复辟时曾想拉拢严复进入筹安会，但事实上严复并未参加筹安会的任何具体事务，梁启超发表文章抨击袁世凯复辟阴谋的时候，筹安会曾重金请严复写文章反驳，严复拒绝了。

严复被称为"引进西学第一人"，从 1898 年到 1914 年，他先后译介出版《天演论》《原富》等八部西学经典，史称"严译八大名著"。这些译著涉及哲学、社会学、经济学、法学、政治学、逻辑学等诸多领域，为国人打开了认识世界的窗口，引进了新的世界观和方法论，科学、进步、民主与自由的思想开始在国内流行。

严复曾经提出在翻译界有三件最难做到的事情：信、达、雅，这三个字至今被我们当作翻译界的最高标准。信，客观真实，忠于原文；达，不拘泥于原文形式，译文要通顺明白；雅，译文时选用的词语要得体，追求文章本身的简明优雅，有文采。

1921 年 7 月，严复难得出了一趟远门，回阳岐老家，他看见自己之前倡议筹款重修的尚书祖庙工程已经完成了 2/3。当年夏天，他上鼓岭避暑近两个月，入秋回到郎官巷，身体每况愈下，他自感病入膏肓，10 月 3 日写下这样一份遗嘱：

（1）"须知中国不灭，旧法可损益，必不可判。"对于中国的发展，严复主张的是改良，而不是全盘推翻。

（2）"须知人要乐生，以身体健康为第一要义。"这体现了他通达乐观的人生观，以爱惜生命、保护健康为前提。

（3）"须勤于所业，知光阴时日机会之不复更来。"嘱咐家人须敬业，做好分内之事，其后句接连指出光阴、时日、机会问题，可见他深感人生短促，生命可贵，机会难得，不可荒废、虚度或错失。从他对事业的勤勉和严谨态度，以及对建立事功的紧迫感，也可以看出他积极对待人生的态度。

（4）"须勤思，而加条理。"即要求对人、对事、对物都要勤于思考，开动脑筋，分析事物，认识道理，并且加以总结，形成逻辑，这样才能构成缜密的理性思维。

（5）"须学问，增知能，知做人分量，不易圆满。"他从做事业进一步讲到做学问，希望后人增加知识和能力，为社会作贡献，强调要认识自己的分量，要有自知之明，特别要知道做人做事都不易十分圆满，应当知足知止。

（6）"事遇群己对待之时，须念己轻群重，更切勿造孽。"个人处在社会中，都存在个人与群体的关系问题，严复讲"己轻群重"的道理，正体现了他的社会责任感；同时告诫后人，要为社会多作贡献，不能因谋求私利或满足私欲而成害群之马，危害社会。

1921年10月27日，严复在郎官巷去世，终年69岁。他死后与原配夫人合葬于老家阳岐鳌头山。陈宝琛在为严复撰写的墓志铭中写道："君初以学不见用，殚心著述。所译书以瑰辞达奥旨，风行海内。学者称为侯官严先生。至是人士渐渐向西人学说。"严复自己则在生前写好了碑文"清侯官严几道先生之寿域"。一个"清"字，意味深长，终其一生，他始终是个传统士大夫。但不管作为生命个体，严复如何集矛盾复杂于一身，作为思想家严复的功绩已经永载史册，每个中国人都应该记住他。[1]

五、二梅书屋

二梅书屋位于郎官巷西段南侧25号，系清道光六年（1826年）丙戌进士林星章宅院，因院内种植两株梅花而得名。始建于明末，后历经

几次大修。该建筑坐南朝北，前后左右共五进，占地面积 2434 平方米。
2006 年被公布为第六批全国重点文物保护单位。2007 年 10 月，二梅书
屋正式动工修复。

图 5—4　二梅书屋一景

二梅书屋的灰塑内容非常丰富，两边分别是"喜上眉梢"和"双喜
临门"的传统吉祥文化故事，西面有"文王访贤""秉烛夜游"两个故
事，取材于周文王访姜子牙和李白的诗，东面有"韩康卖药""陶渊明
爱菊""云林洗桐"的故事，分别代表了诚信、归隐和廉洁的寓意。而
天井围廊的壁画分别为"渔樵耕读""高士对弈""十老诗图""流觞曲
水"，寄托了主人对恬静生活的向往和追求，也表明了自身的生活态度
和艺术理想。

六、小黄楼

小黄楼位于黄巷中段北侧 36 号，相传是唐崇文阁校书郎黄璞的故居，梁章钜于清道光年间对黄璞旧居进行全面修葺。占地面积 3640 平方米，分为西落、东落、八角楼三部分，总体布局紧凑，规模宏大。西落区西侧和八角楼区域均建有假山、亭子、水榭、鱼池、小桥流水等休闲场所，营造出了丰富的山水园林景观，是福州最具代表性的古代私家园林。2006 年 5 月，被公布为全国重点文物保护单位。2007 年 10 月，在文物专家的指导下开始修复工作。

古建专家进入小黄楼准备展开修复时，西落部分仅剩余西落花厅，主厅在新中国成立后被改造，后厅被拆除，改建为五层砖混结构住宅楼，1977 年 7 月建成，作为福建文艺编辑部宿舍，直到 1997 年住户全部搬出。1997 年底开始作为搬迁过渡住房，直至拆除。东落部分后期均被改造，制式格局已经发生变化。

在拆除西落后厅后期改建的五层砖混结构住宅楼后，发现西落后厅整个地面被垫高，后厅地面浇筑水泥达 15 厘米厚，下部为基础垫层 30 厘米厚，满堂条石基础，条石上浇筑圈梁 24 厘米宽，60 厘米高，全部采用人工拆除。拆除完发现南墙遗留东段墙体等。根据这些遗迹，明确了西落后厅的通面阔与通进深的界线，结合地下发掘勘探的成果，并依据清朝中期福州地方传统民居的布局、结构、做法，按照平面遗存构件的位置，专家们推断后厅面阔五开间，通面阔 19.97 米，进深七柱，通进深 13.92 米。又结合从房管局复制的小黄楼旧房产证上红线图，证实了这些推断是正确的。修复后，西落后厅前天井深 4.8 米，天井东、西各一个披榭，前檐廊宽 3.3 米，后厅面阔六柱五开间，进深七柱，穿斗式、硬山顶结构，前檐净高 3.9 米，后檐净高 3.6 米，后天井进深 1.65

米，后檐廊宽 0.7 米。

小黄楼西落后厅的修复，坚持了文物建筑保护修复中"不改变文物原状"的原则。从拆除后期改建的五层砖混结构住宅楼，到地面开挖发掘，发现廊檐、地垄等历史信息，再到后期根据各种资料、历史信息来判断后厅的原貌，都是对"不改变文物原状"原则的应用，让人们有机会再次目睹西落后厅的原貌。[①]

七、水榭戏台

这座水榭戏台是由清朝官员布政使兼按察使孙翼谋购买宅院后加以扩建的部分，也是宅院最精华之处。它是歇山顶亭状木构建筑，戏台立于水池之上，池水为地下涌泉，水流不仅美化环境，还起到了回音的效果。台上唱念做打，台下热闹人情。一楼是男宾听戏的地方，二楼则是女眷孩童之所，通往二楼的通道隐藏在假山里，体现出三坊七巷古厝及园林之美。戏台是见证福州戏剧史的重要实物资料。但鲜为人知的是，如今呈现在我们面前的这座戏台，也曾有过历史的沧桑变迁，经历保护修复进程。

改革开放 40 多年来，国民经济迅猛增长，在大规模的城市规划和建设过程中，诸多历史文化名城迎来危机。

新中国成立初期，水榭戏台所在的私家宅院被改做衣锦坊拘留所，1958 年被改为第二织布厂，戏台成了卖饭票的地方，原假山处建了澡堂，水榭戏台从此面目全非。到修复前，该宅院主座成了拉链厂，别院前面是居委会，后边是住家，花厅园林也被改为工厂仓库。

2006 年，福州市委、市政府启动了三坊七巷的保护修复工程，水

---

① 参见杨凡主编：《叙事——福州历史文化名城保护的集体记忆》，福建美术出版社 2017 年版，第 322—329 页。

图 5—5　水榭戏台

榭戏台成为第一座需修复的宅院。水榭戏台修复工程的开工，标志着三坊七巷保护修复工程正式启动。而现在水榭戏台作为福州地方戏剧演艺场所，在节假日及周末定时上演闽剧、伬唱、十番音乐、乐器弹奏等常态化演出，吸引了众多游客前来欣赏。

八、林则徐纪念馆

林则徐纪念馆位于三坊七巷以南澳门路 16 号，是一座具有晚清福州风格的古典园林式祠堂建筑，原为林文忠公祠，1905 年，林则徐去世 55 年后，由他的后人、门生和乡人为祭祀他而集资兴建，占地面积 3000 多平方米。1982 年 11 月修复竣工，正式辟为福州市林则徐纪念馆对外开放。之后历经多次修复、扩建、整合，如今的林则徐纪念馆展陈面积由原有的 3000 多平方米扩大至 15000 平方米，包括林文忠公祠、林则徐事迹展和禁毒展馆，是全国重点文物保护单位、全国爱国主义教育示范基地、国家禁毒教育示范基地、国家国防教育示范基地、全国人文社会科学普及基地、全国文化系统廉政文化教育基地等。

第四节　教学小结

我们一起感受这片古老而又年轻，底蕴深厚而又生机勃勃的三坊七巷历史文化街区，重点参观林觉民、冰心故居，严复故居和林则徐纪念馆等后，看到一座座老宅"新生"，却又神韵未改，这背后是对历史建筑的尊崇与敬畏，也是对传统文化的尊重和传承。文化就像是一条源远流长的河流，源头很远，流过历史，流到今天，还要流向未来。文化是一脉相承、生生不息的，需要数百年、数千年，甚至数万年的积累。如果说保护文化遗产不仅留住了先辈栖居的物质场所，也为今人留下了心灵的栖息地，那么找到通往一段尘封历史的入口，更是祖先的馈赠。

我们还看到这里综合展示了三坊七巷历史名人的家国情怀、红色故事，充分展示了新思想指引下福州市取得的重大发展成就。站在这里，我们可以回顾过去几百年间，曾经生活在这里的人，感受他们的思想在中华民族历史文化长河中留下的不灭印记；我们可以回望过去几十年间，为这里辛勤工作的人，感受他们的付出给市民带来的获得感和幸福感。站在三坊七巷历史文化街区，我们看到的不只是林觉民故居、严复故居等地，我们还能感受到在这片历史文化街区的保护修复当中，所体现的文化自信、历史当担、创新精神。

在三坊七巷历史文化街区保护修复实践过程中总结出来的整体保护、最少干预、修旧如旧……这些保护修缮的思路、经验，也被广泛应用于上下杭、朱紫坊、烟台山等多个历史文化街区，让这些历史文化街区重焕光彩。如今在福州，对古建筑、老宅子、老街区的珍爱，正日益深入人心。为了保护好福州历史文化名城，这些年来，按照习近平总书记擘画的蓝图，福州市委、市政府一任接着一任干，先后投入380多亿元用于名城、街区、历史建筑及特色历史文化街区保护工作：新建冶山、新店2个古城遗址公园，保留住福州城的源、闽越族的根；提升"三山两塔"，保护福州城市标志，重塑"三山两塔一条街"传统城市格局；坚持"一街一策"，打造17个特色历史文化街区；2021年，以第44届世界遗产大会召开为契机，在全市开展新一轮古厝保护提升、普查和保护利用专项行动，历史文化遗产保护逐步从硬件提升向历史文化内涵延伸拓展，有效赓续了福州城市历史文化的"根"与"魂"，越来越多的古厝正绽放出新的光彩。

第六章　人间烟火　闽商根魂

——上下杭历史文化街区现场教学

第一节 教学安排

一、教学主题

通过对上下杭历史文化街区的走访和调研，了解上下杭历史文化街区保护和开发的现状，深刻认识古厝保护和文化传承的重要意义，为进一步做好福州历史文化名城建设工作打下坚实基础。

二、教学目的

1. 了解上下杭古厝保护的现状，深刻领会习近平同志在《福州古厝》序中提到的"名城保护好了，就能够加大城市的吸引力、凝聚力。二者应是相辅相成的关系"[①] 的深刻含义。

2. 通过参观，了解上下杭在福州历史文化中所占的重要地位以及保护上下杭历史文化街区的重要意义。

3. 通过对上下杭现有古厝活化利用途径的调研，了解上下杭在古厝开发中所取得的经验，为更好地保护和开发其他古厝打下坚实基础，为建设福州这座历史文化名城作出应有的贡献。

三、教学点简介

"百货随潮船入市，万家沽酒户垂帘。"处于福州城市中轴线上的上

---

① 参见习近平同志为曾意丹著《福州古厝》（福建人民出版社 2019 年版）所作的序，第 2 页。

下杭，为闽商发祥地、海上丝绸之路的重要节点，素有"福州传统商业博物馆"的美称。这里曾经商业繁荣，商帮、会馆云集，是航运和商业中心，见证了福州城市历史和空间格局从古至今、从北到南的历史演变过程。

图 6—1　上下杭牌坊

这片曾经以商业繁华而闻名的古老街区，一直以来是民俗学、史学专家们研究福州商业发展历程的重要地方。目前，上下杭街区共有各级文物保护单位 16 处，传统风貌建筑 300 多处。2013 年，上下杭保护修复项目启动，在力求不破坏原样的同时，对沿街建筑进行了修葺。如今的上下杭，在坚持不改变文物原状、保证历史街区完整性和延续性的原则下，改造成为以商业、居住、旅游、文化等复合功能为主，具有浓厚福州中西合璧建筑文化特色和典型的福州闽商文化特色的传统街区。

四、教学思考

1. 在参观的过程中，请比较上下杭的建筑物风格和三坊七巷有什么不同，并思考上下杭历史文化街区保护和传承的意义是什么？

2. 请对上下杭历史文化街区古厝活化利用的途径进行梳理和总结，并思考还可以通过什么途径对古厝进行活化利用，让它们焕发生机，展现魅力。

3. 上下杭的闽商精神是什么？如何进一步发扬闽商精神孕育地的作用？

五、教学流程

1. 驱车前往上下杭历史文化街区，时间约 30 分钟。

2. 在上下杭牌坊处集合，教师课前导入和布置思考题，时间约 10 分钟。

3. 在上下杭游客中心听讲解、看沙盘，了解上下杭历史及街区全貌，时间约 10 分钟。

4. 步行路线：三捷河畔步行—鹿森书店—永德会馆—张真君祖殿—下杭路步行—参观福州非遗展示馆（罗氏绸缎庄）—"上下杭·金银里"步行—建郡会馆—采峰别墅，时间约 60 分钟。

5. 在丫好青少年素养中心集合，开发人员总结点评，时间约 20 分钟。

6. 返程。

第二节　基本情况

福州的上下杭地处福州市台江区中部偏南，靠近福建的母亲河——闽江。它借助河道纵横、水系密布、航运发达的地理优势，在明朝时期就成为商业中心，可谓福州最早的商业中心。上下杭从清朝中期到民国初年一直都是辐射福建全省、沟通海外的商品集散地。当时这里聚集了200多家商行，经营物资达500多种，金融行业也非常兴旺，有东南银行、中央银行分行等，还有私营钱庄，最多的时候钱庄达到了100多家，所以这里被称为"福州传统商业博物馆"，可以说是当时"福州的CBD"。

随着历史的变迁，航运业萧条，上下杭也逐渐沉默下来，很多房子年久失修，越来越破旧，加上很多地方违章搭盖，整个街区就显得破烂不堪。2012年4月，福州市三坊七巷管理委员会和福州市历史文化名城街区保护开发公司委托清华同衡城市规划设计研究院、福州市规划设计研究院联合编制《上下杭历史文化街区保护规划》，该规划经专家评审、规划公示，福州市政府、福建省住建厅多次研究后，于2015年11月4日获批复。此后，福州市开始对上下杭历史文化街区进行改造，在改造的过程中遵循"修旧以旧，保持总体街区格局、风格、风貌不变"的原则和"镶牙式""渐进式、微循环、小规模、不间断"的步骤组织实施，逐步把上下杭打造成为具有商业、居住、旅游、文化等复合功能，以及有浓厚中西合璧建筑文化特色和福州闽商文化特色的传统街区。

截至2022年6月，街区保护修复工程累计完成13处文物保护单位、50 处登记文物点、105 处风貌建筑及约 1 万平方米的更新建筑，完工总面积约 11.15 万平方米。南郡会馆、刘天记棉布行、建宁会馆、采峰别墅、福州商务总会等一批古建筑重现历史风貌。

一批文物保护院落得到活化利用并对外开放。其中，罗氏绸缎庄作为福州市非物质文化遗产展示馆，将中华传统民俗中的"福乐、福匠、福韵、福传、福人"五福概念贯穿展馆；永德会馆经过新一轮提升修复后，展示了闽商南洋艰苦创业、回馈桑梓的历史，纪念"无永不开市"的辉煌；省级文物保护单位黄培松故居已被打造成福州市美术馆，作为展示福州人文发展成就和历史文化底蕴的重要窗口。

2014 年 5 月，上下杭被认定为福建省首批 9 个省级历史文化街区之一。2021 年 11 月 5 日，福州市上下杭历史文化街区被文化和旅游部确定为第一批国家级夜间文化和旅游消费集聚区。

第三节 主要内容

一、永德会馆

(一)永德会馆的辉煌过去

"商贸盛都"的福州台江有着得天独厚的"面江临海"的地理条件，曾吸引着全国乃至世界各地的商人云集在此，孕育了一批融合中国传统建筑风格与西方建筑元素的近现代优秀建筑——会馆。这些乡音乡情交融旅居之所后来又成为工商业者"联络同业、互通商情"的同乡行帮组织，堪称一个个"城市会客厅"。从明末清初到今时今刻，它们的新生也正续写着台江的商贸传奇。

图6—2 永德会馆

　　永德会馆坐落于福州下杭路张真君祖殿斜对面，是一座历史悠久、中西融合、文化内涵丰富、极具保护价值的古建筑。福州永德会馆以永春、德化两县的简称命名，为清代两县陶瓷、木材等商帮集资所建，始建于清雍正年间，光绪年间重修，民国二十年（1931年）重建。永德会馆在会馆林立的上下杭地区，集清水砖墙、飞檐斗角于一身，壮丽堂皇，别具一格。长期以来，永德会馆被作为福州永德商帮堂会、商会、同乡会的活动场所。1949年后，永德会馆被当作公产使用。永德会馆见证了"无永不开市"的辉煌，以乡谊为纽带、联络感情、增进桑梓福利、倡办公益事业是永德会馆创建的初衷。

　　（二）永德会馆的今天

　　在福州传统历史文化街区众多的古厝中，福州永德会馆内涵丰富、特色鲜明，不仅是上下杭标志性建筑物之一，还是近代福州中西建筑形式相融合的典型；其发展史为福建省社会变革及商贾发展研究提供了不可多得的实物佐证史料；它所蕴含的团结互助、热心公益、造福桑梓，也为"闽商精神"树立了典范。

白驹过隙，世事变迁，永德会馆的"命运"也在变化。2018 年，台江区上下杭历史文化街区开发建设启动了对会馆的修复。会馆主楼及侧落的清水砖墙、屋面飞檐翘脊、彩绘、女儿墙，以及楼梯和门窗全部按照原式样进行了修复，重现了中国传统建筑与仿西洋建筑叠加的独特风格建筑原样。现在的永德会馆是一座中国传统建筑风格与西方建筑元素相融合的近现代优秀建筑。它坐南朝北，占地面积 1224 平方米，东西宽 36 米，9 柱 8 间排，其中正厅两侧厢房，东厢 1 间、西厢 4 间；进深 7＋2 柱，长度 34 米。一、二层高度各 4.5 米，西式建筑元素居多。第三层歇山顶，层高 5.5 米，面积 400 多平方米，纯属清代古建筑，系民国二十年（1931 年）重建时将清代福州会馆建筑中的厅堂部分依原样搬建在顶层。大门门额嵌大理石刻镏金牌匾，榜书"永德会馆"。①②

推开厚重的木门，走近古朴恢宏的会馆，就能看见多处门柱上的联文都以"永""德"冠头，两地传统文化与浓浓乡情呼之欲出。

正厅后墙左下方有一块石碑，刻有《桃源翁李立斋先生传颂》，记载了永春商人李立斋父子出国艰苦创业、热心家乡公益与出资重修会馆的事迹。

---

① 参见福州市政协文史资料委员会编：《上下杭史话》，海峡出版发行集团海峡书局 2013 年版，第 86 页。

② 参见毛小春：《上下杭永德会馆开馆迎客——融合中西建筑风格，将长期展示永春德化非遗项目》，《福州晚报》2020 年 12 月 21 日。

图 6—3　《桃源翁李立斋先生传颂》石碑

2019 年 7 月，重获新生的永德会馆被列入台江区第三批区级文物保护单位。在近乎原汁原味的"修旧还旧"中，城市传统文化和乡愁记忆化为了可知可感的现实。2020 年 3 月，上下杭保护开发有限公司根据《福州市历史文化街区国有文物保护单位使用管理办法》，把永德会馆交由两县在福州的商会运营管理，使会馆成为两县在省会推介旅游资源，宣传非遗文化、历史文化，展示两县特色产品的重要窗口，也成为在福州的乡亲敦睦乡谊、同话桑梓、共谋发展的家园。

二、罗氏绸缎庄

当年的上下杭，商行、货栈云集。兴盛时期，仅经营绸缎、布匹和纱罗的商家就有二三十家。罗氏绸缎庄创始人——罗翼庭正是当时同行业中的佼佼者，也是闽商中"江西帮"的代表人物，同时由他所出资建造的罗氏绸缎庄也别具一格。

（一）古厝的风貌：精、美、巧

随着生意越做越大，罗翼庭出资购置了下杭路 181 号，即现存的罗氏绸缎庄旧址继续经营。古厝坐南朝北，建筑面积达 1500 多平方米，

图6—4 罗氏绸缎庄内部展厅

2013年1月，作为"上下杭商号建筑群"的一部分，被列为第八批省级文物保护单位。[1]

古厝庭深约百米，分四进。第一进是店面，第二进是仓库，第三进是住家，第四进是厨房，后面有花园，紧挨星安河。货物通过水运，可直接上岸搬入仓库，非常方便。古厝第一进、第二进以大气、实用为主。第三进建筑则格外讲究，院落雕梁画栋，布设了各种吉祥纹饰、斗拱、雀替、悬钟、槅扇等木构件，精美别致，造型独特。

"镇厝之宝"就在这第三进。它是一根闽楠木通长杠梁，长度约13米，直径60多厘米，非常壮观，极为珍贵。据福建省林科院的专家范

---

[1] 参见《罗氏绸缎庄》，福州史志网，2022年7月6日。

图 6—5　福州市非物质文化遗产展示馆（原罗氏绸缎庄）

辉华教授介绍，在自然生长的状态下，像这种直径超过 60 厘米的闽楠木，至少要百年以上。如果放在 100 多年前，这种楠木算是御用的木材。

（二）古厝的主人：福州"棉纱大王"

讲述罗氏绸缎庄就必须说说罗翼庭的次子——罗祖荫。在他们父子二人的苦心经营下，罗氏绸缎庄发展迅猛，罗祖荫也被外界称为福州"棉纱大王。"

罗氏绸缎庄诚信经营，生意蒸蒸日上。创始人罗翼庭在福州开设"福州协裕商行"，在顺昌县洋口镇开设"祥聚荣布店"，在南平市开设"大纶布店""永裕商行"等分号。

1936 年，罗翼庭派刚满 14 岁的次子罗祖荫到分号学习并主持业务，培养接班人。1943 年，罗翼庭在顺昌县洋口镇病逝。1945 年，罗祖荫将"罗恒隆绸缎庄"更名为"罗恒隆布号"，直至 1948 年 8 月，之

图 6—6　福州市非物质文化遗产展示馆（原罗氏绸缎庄）内部木构件

后又更名为"联友布号"。当时，福州及周边地区对棉纱的需求很大，而由罗祖荫掌舵的"联友布号"占据了大部分的棉纱市场。因为实力雄厚，罗祖荫被称为福州"棉纱大王"。

生意场上的巨大成功激发了罗祖荫的社会责任感与担当意识。这位福州"棉纱大王"办学校、捐飞机，为民众、为社会、为国家做了不少实事、好事。下杭路的"福州市私立南郡小学"（福州市下杭小学前身）便是由罗祖荫捐资参与兴办的。他曾任"福州市私立南郡小学"董事会董事，同时，他捐资给福州市"福商学校"（福州四中前身）直至1949年。抗美援朝期间，罗祖荫还积极响应并捐资，参与由福州市工商联发起的"福州市工商联工商界捐二架飞机"活动。

图6—7　福州市非物质文化遗产展示馆（原罗氏绸缎庄）

（三）古厝的新生：福州市非物质文化遗产展示馆

经修缮保护，罗氏绸缎庄现活化利用成福州市非物质文化遗产展示馆，隶属于福州市群众艺术馆（福州市非物质文化遗产保护中心），是一处公益性的非物质文化遗产展示场所。

这座上下杭四进大宅历经百年变迁，如今依旧保持着它原来的风貌，但内核及功用却得到了升华，成为闽都文化今昔相连的一个枢纽。

图6—8　福州市非物质文化遗产展示馆（原罗氏绸缎庄）内部展厅

三、建郡会馆

（一）精美的建筑特色

在上下杭有这么一群老建筑，它们是外乡人在福州的"家"，帮助外乡人排遣了乡愁的孤寂，集办公、住宿、娱乐、祭祀于一体，被称为"会馆"。

建郡会馆，也称建宁会馆，坐落于上杭路128号，始建于清嘉庆年间，为建宁府商帮集资建造，供同乡聚会或寄宿。

古时建宁府设建安、瓯宁、崇安、浦城、建阳、松溪、政和七县。对于有经商头脑的建宁人来说，福州是重要的中转站，自然促成了建郡会馆的昌盛。在福州，建郡会馆共有两座，一座位于三坊七巷郎官巷内，另一座便在上下杭。

图6—9　福州市非物质文化遗产展示馆（原罗氏绸缎庄）内部展厅

上下杭的会馆坐北朝南，占地面积2000多平方米，面临上杭街，背倚彩气山，依山势而建。正面红砖清水门墙，石框大门上题有"建郡会馆""天后宫"两块匾额。两侧是两扇小拱门，门头题有"海晏""河清"。上建有神龛式的牌楼、翘角的房檐，下是蓝底的浮雕。整个建筑

116

图6—10 建郡会馆

古色古香、雄伟壮观。

入门便是戏台，台上有藻井，两旁是看楼（走廊酒楼）。

从天井走上石阶便是正殿，供奉海神天后（妈祖娘娘）。殿前两根石柱上刻有一副对联：帆樯仰庆云榆至诚感格，俎豆重光海国明德馨香。

正殿穿斗式双坡顶古典木构建筑，面阔三间，檐下网状的如意斗拱层层出挑，环环相扣。馆内随处可见造型各异的木构件，明清时期建筑风格明显。正殿中间是藻井，里面饰有许多木雕力士、神龛通体彩绘，精巧绝伦，左右有龙池、凤池，天花板上彩绘缠枝图案。

该会馆建筑堂皇精美，既继承了祖籍地建宁的传统特色，又汲取了福州地区艺术风格，具有一定的历史价值、艺术价值和科学价值。

图6—11　建郡会馆内部戏台

（二）蕴含的"革命基因"

建郡会馆建成后除了发挥商业功能、联谊功能、文化活动功能、文化教育功能、社会救济功能等外，在福州近代史上，它还有与众不同的一面，它的身上蕴藏着诸多鲜为人知的"革命基因"。

它是福州说报社的成立地址，仁人志士在这里宣传反清革命道理。清光绪三十二年（1906年），旅沪福建学生会以郑祖荫、林斯琛等为中坚，在该馆成立福州说报社，每周演讲一二次，听众很多，宣传革命甚为得力，其效果很好。①

它是"同胞救援会"的成立点。清光绪三十三年（1907年），福州

---

① 参见福州市政协文史资料委员会编：《上下杭史话》，海峡出版发行集团海峡书局2013年版，第83页。

教育总会、商务总会、说报社、去毒社等团体在建郡会馆集会，成立"同胞救援会"，抗议法商魏池拐骗华工案件，并解救了被关押的 820 名华工。

它是福州起义者的集合场所。清宣统三年（1911 年）农历九月十九日早晨，起义者与清军展开激战的时候，郑祖荫因在津太路武备学堂迫近战地指挥调动不便，同总机关、革命同志暂退出城，齐集上杭街建郡会馆，旋即迁回桥南社总机关。由于起义者英勇作战，次日，辛亥福州起义取得了胜利，该会馆也立了一份功劳。

它是筹备福建北伐学生军经费的重要活动点。1911 年 11 月 8 日，福州起义爆发，福建同盟会支部长郑祖荫在此作战前动员。福州光复后，闽都督府决定组织福建北伐学生军，在这里举行筹饷大会，福州总商会总协理张秋舫、罗金城等人慷慨解囊，解决了福建北伐学生军的军饷。

它是去毒社社员宣传禁烟的阵地。福建去毒社于清光绪三十二年（1906 年）农历五月初在城内澳门路林则徐祠堂召开成立。总社设在福州南台双杭地区大庙山，首届社长是林则徐的曾孙林炳章，下设分社、支社。福建去毒社社员经常在建郡会馆宣传禁烟活动。他们在这里讲演林则徐禁烟的故事，为福州的禁烟事业献力。

古厝无声，伟绩永恒如今。当年的热血沸腾早已远去，我们只能从那些榕根石径、飞檐翘角中找寻过往的岁月和尘封已久的记忆。可历史将会铭记建郡会馆在福州近代史上留下的那浓墨重彩的一笔。

四、采峰别墅："采五峰之灵气"的百年别墅

民国九年（1920 年），马来西亚爱国侨领杨鸿斌在彩气山南麓择址建起了一座别墅，便是现今的上杭路 122 号采峰别墅。

（一）一座"壕"气十足的别墅

宅院坐落彩气山（大庙山麓），背靠乌石山，面对藤山，左依鼓山，右傍旗山，取"采五峰之灵气"，故名"采峰别墅"。

它是福州目前保存最为完好的近代中西合璧民居建筑之一，100年的历史外表不显山露水，步入其中却别有一番天地。

图 6—12　通往采峰别墅的甬道

推开木门，中间是长约百米的甬道，上坡两侧围墙高高耸立。穿过照壁，一栋两层高的灰色砖房伫立眼前。从海外运回的地砖、印有"采峰"字样的墙砖、西洋式的坊门、窗户中式的假山庭院，处处皆是"中西交融"的印记。庭院内植物繁盛，芒果树、龙眼树、黄皮果树、榕树白玉兰等错落有致。风吹日晒、岁月洗礼，藤蔓缠绕着充满时光印记的墙垣，四季里的美好仿佛在此凝固。

（二）别墅的主人：马来西亚爱国侨领杨鸿斌

在百年前的福州商界名流中，有一位至今为人敬仰，他就是采峰别

图 6—13　采峰别墅内部照壁

墅的主人——杨鸿斌。杨鸿斌（1884—1974 年），字文明，福州市台江区浦西长汀村人。幼时家境贫寒，19 岁时赴马来西亚槟城谋生。他聪明好学，做事干练，深受老板器重，取得老板的支持。杨鸿斌多渠道集资创办"振光"有限公司，经营进出口贸易业务及橡胶业、椰林种植业；因经营有方，诚信为本，历数年的艰苦创业，发展成为槟城商业界的巨擘。

杨鸿斌谦恭诚信，忠厚待人，且热心慈善事业；为团结、联络在槟城的福州籍华侨乡亲，发起成立"槟城福州会馆"。

1924年，军阀张毅的部队在闽侯瓜山一带焚掠屠杀，将村落夷为废墟。慈善家、平民省长萨镇冰筹资为灾民建房，辟"南通路"，建"苏州桥"，得到杨鸿斌的全力资助，工程落成之日，杨鸿斌与萨镇冰并肩剪彩，传为佳话。1946年，福州洪水泛滥，灾情奇重，杨鸿斌捐款特多；灾后又捐资修复水利，帮助灾民重建家园，恢复正常的生产和生活。[①]

杨鸿斌虽身居海外却不忘桑梓，在福州创立"慈善社"，几十年如一日，指定家属主持慈善事业，从他身上可见"义利相合，勇担道义"的闽商精神。新中国成立后，杨鸿斌经常回国参观考察，为家乡人民办慈善事业。1958年，他率领马来西亚贸易代表团回福州开展贸易活动。同年，受福建省政府有关部门邀请，杨鸿斌参加中华人民共和国成立九周年国庆典礼，登上天安门城楼观礼。

1974年，杨鸿斌病逝，享年90岁。

五、"上下杭·金银里"商业步行街

"上下杭·金银里"商业步行街紧邻苍霞闽江北岸，地处福州传统历史文化中轴线上，以隆平路为核心中轴，串联上杭街、下杭街、三捷河、中平路横向四街，形成"四横一纵"的街区闭环步行体系格局。"上下杭·金银里"名字取意"金厝边，银乡里"，既是对上下杭名店林立、商业繁华，闽商文化得以传承的希冀，也寓意和谐友好的街坊情。

---

① 参见福州市政协文史资料委员会编：《上下杭史话》，海峡出版发行集团海峡书局2013年版，第155页。

（一）高品位、高定位、高站位建设

2018 年 9 月 30 日，上下杭历史文化街区开街了，延续闽商繁华，街区总用地面积约 32 万平方米，核心保护范围面积约 24 万平方米。立足街区现有发展基础和资源禀赋，2020 年"上下杭·金银里"商业步行街改造提升工作遵循"高品位、高定位、高站位"的建设理念，对标上海新天地等国内先进商业步行街，从品质、文化、景观环境入手，打造上下杭历史文化街区的"一条步行街＋五个关键点"，赋予步行街过去与未来并存、传统与时尚交融的环境品质，努力将"上下杭·金银里"打造成"国际知名、国内领先、福建第一"的福州城市新名片。

同年 12 月 30 日，总长约 420 米的"上下杭·金银里"高品位商业步行街开街运营。

（二）多元业态吸引市民游客打卡

步行街着力打造购物、餐饮、文化、娱乐、休闲、住宿等多元业态，在注重保留福州传统老字号店铺的同时，积极引进国内外著名品牌企业、高端商品和时尚品牌，截至 2022 年 7 月，仅中国首店、福建首店就有近 10 家。市民和游客可以漫步在新老交融、活力时尚、典雅精致的步行街里，或感受街区的文化底蕴，或打卡各种潮店。下一步，"上下杭·金银里"商业步行街将继续挖掘老建筑等传统文化资源，加大餐饮首店、酒吧、国际知名品牌等招商力度，不断充实经营业态，丰富消费层次，打造人气旺盛、配套完善、文化突出、特色鲜明的高品位商业步行街。

第四节 教学小结

一、上下杭历史文化街区保护的重要意义

上下杭是福州历史文化名城格局的重要组成部分。说到福州，最让人印象深刻的是三坊七巷，它是中国近代名人聚居地，被称为"一个三坊七巷，半个中国近代史"。这里人杰地灵、群英荟萃，可以说是福州"士人文化"的所在地。但这不是福州这个历史文化名城的全部，是上下杭繁荣的商贸活动，支撑着整个福州社会经济的运行和发展，造就了三坊七巷的辉煌。所以，今天我们开发保护上下杭，让大家了解福州社会的整体构成，也更能让人理解为什么三坊七巷能在史册上书写出美丽的一页。

上下杭是福州城市精神的体现。福州的城市精神是"海纳百川，有容乃大"。这句话充分道出福州的特点，因为福州从古至今都是一座开放、包容、敢拼搏、想作为的城市。这一点在三坊七巷的名人堂里能深刻体会到，在上下杭的各色会馆里我们一样能发现，比如，当年上下杭生意做得最好的是莆田的兴化帮，这不就是福州包容、开放精神的体现吗？因此，我们要提倡"海纳百川、有容乃大"的城市精神，更要把上下杭建设成为一个能体现这样城市精神的好地方。

上下杭是闽商精神的具体表现。上下杭是古代闽商集中的地方，更是闽商精神的发源地。这些福建境内的商人在上下杭以会馆、商会的名义聚集在一起，抱团打天下，经营的物品很丰富，可以说什么时髦卖什么，而且敢拼敢闯，形成一种独特的闽商精神：善观时变，顺势有为；

敢冒风险，爱拼会赢；合群团结，豪爽义气；恋祖爱乡，回馈桑梓。这样的精神从古至今一直在传承，1984 年 3 月，福建省 55 位企业家给省领导写信，大胆发出了给企业"松绑放权"的呼吁。2014 年 3 月 24 日，在"松绑放权"30 周年的那一天，许多福建企业家提出以给习近平总书记写信的形式纪念这个特殊的日子，随后，以《敢于担当勇于作为》为题，以加快企业改革发展建言倡议为主要内容的一封信，由 30 位福建企业家联名寄给了习近平总书记。在当年的 7 月 8 日，习近平总书记给福建的企业家们写了回信，鼓励他们继续发扬"敢为天下先、爱拼才会赢"的闯劲，进一步解放思想，改革创新，敢于担当，勇于作为，不断做大做强，促进联合发展，实现互利共赢，为国家经济社会持续健康发展发挥更大作用。[①] 闽商精神在习近平总书记的鼓励下，一直在福州社会经济发展中发挥着重要作用。而上下杭作为闽商精神的发源地和闽商精神发展、传承的载体，更值得我们好好保护。

加大城市的吸引力、凝聚力。2002 年，时任福建省省长的习近平同志在《福州古厝》序中说道："在经济发展了的时候，应加大保护名城、保护文物、保护古建筑的投入，而名城保护好了，就能够加大城市的吸引力、凝聚力。二者应是相辅相成的关系。"[②] 是的，今天的上下杭就是按照习近平总书记的要求，力争打造成具有福州特色的另一张名片，吸引更多的外地游客，但保护和开发好上下杭，则能牢牢凝聚起福州人思乡爱乡之情，为建设美好家乡而努力奋斗。

---

① 参见《习近平给福建企业家回信：对 30 年前呼吁"松绑"印象犹深》，人民网，2014 年 7 月 23 日。

② 参见习近平同志为曾意丹著《福州古厝》（福建人民出版社 2019 年版）所作的序，第 2 页。

二、上下杭古厝的开发与活化利用的模式

福州市政府制定的《上下杭历史文化街区保护规划》是将上下杭定位为以商业、居住、旅游、文化等复合功能为主，以打造"福州市的新名片，福州城的新坐标"为目标，按照"政府主导、市场运作"的思路，力图恢复上下杭商贾文化繁荣，成为与三坊七巷相媲美、福州旅游的又一张"金名片"。围绕着这个思路与目标，又借鉴三坊七巷在开发中的得失经验，上下杭古厝的开发和活化利用的标准和定位较高，基本采用如下六种方式：

一是沿用老业态。比如，原先开设典当行的商铺还是由国内知名典当行经营，钟表铺也是由知名钟表商经营。

二是老东家管老地方。比如，原先由永春和德化经营的永德会馆交由永春、德化两地管理，成为两县在省会推介旅游资源，宣传非物质文化遗产文化、历史文化，展示两县特色产品的重要窗口，也成为在福州的乡亲敦睦乡谊、同话桑梓、共谋发展的家园。

三是成为市民免费享受公共文化服务的场所。比如，罗氏绸缎庄被改造为福州市非物质文化遗产展示馆，黄培松故居被改造为福州市美术馆。

四是成为传播中华传统优秀文化的场所。比如，舒叙茶馆每天定期安排福州评话表演，成为老福州人的休闲福地。

五是高品位、高定位、高站位打造位于上下杭隆平路的步行街。这条被命名为"上下杭·金银里"的步行街依托上下杭历史文化街区，借鉴国内外步行街建设的先进经验，遵循"高品位、高定位、高站位"的建设原则，从项目构思开始就邀请知名规划团队和业态设计机构进行谋划，福州市还专门成立了工作专班，全面推进街区规划建设各项事务，

目前街区成为人气旺盛、老少咸宜的休闲娱乐场所。

六是引入优秀社会资源，盘活古厝。比如，福建丫好传媒集团入驻古厝，使之成为青少年教育的好场所。

我们通过对上下杭现有古厝活化利用途径的调研，吸收上下杭在古厝开发和利用中所取得的经验，为更好地保护和开发其他古厝打下了坚实基础，为建设福州这座历史文化名城作出了应有的贡献。

第七章　中西交融　古今碰撞

——烟台山历史文化风貌区现场教学

第一节　教学安排

一、教学主题

通过参观烟台山历史文化风貌区，感受烟台山这个"万国建筑博物馆"的独特风貌，了解烟台山在福州城市文脉中的重要地位，进一步加强对古厝保护和文化传承重要意义的认识，为进一步做好福州历史文化名城建设工作打下坚实基础。

二、教学目的

1. 通过参观学习，感受具有"万国建筑博物馆"之称的烟台山历史文化风貌区的独特魅力及其在福州历史文化中的重要位置。

2. 认真领会习近平总书记关于古建筑和文物保护的重要表述，深刻理解抓好名城、街区、风貌区、历史建筑等保护修复的意义所在，为进一步构建全市域、全体系、全要素的历史文化名城保护格局打下坚实基础，让历史文化遗产在新时代有福之州绽放出绚丽的光彩。

三、教学点简介

烟台山历史风貌区地处闽江之滨，福州城市传统中轴线南端，海拔46.15米，占地约 23.2 万平方米，南望五虎，北眺三山，自古有着"苍山烟霞，高丘低江"的美誉。据《藤山志》记载："自元末迨清初，

图 7—1　烟台山公园

中州设有炮台、炮城，因于隔江藤峰绝顶，设立烟墩，以为报警之用。"① 故名烟台山。元末（14 世纪初）福州府为加强江防海防，在中州设置炮台、炮城，在临江的藤山顶设烟墩作为烽火台以报警，遂将其命名为烟台山。清初，烽火台废弃，烟台山之名却一直沿用至今。

1842 年《南京条约》签订后，福州成为五口通商口岸之一，烟台山因其特殊的地理位置和优美的自然景观条件而为外国势力所盘踞，逐步形成福州的领事区、外贸基地和航运中心。从 1845 年到 1903 年，先后有英国、美国、法国、荷兰、丹麦、瑞典、挪威、西班牙、德国、俄国、日本等 17 个国家在这里设立领事馆或代办处。随之而来的还有 33

① 参见方清海为福州市政协文史资料委员会编：《烟台山史话》（海峡出版发行集团海峡书局 2014 年版）所作的序，第 1 页。

家洋行、9 座教堂、4 家教会医院、13 所教会学校。目前，烟台山有 84 处文物登记点、107 处历史建筑、38 处保护街巷以及古树名木。烟台山历史文化风貌区是以保持居住、文教功能为特色，集文化休闲、创意商业及旅游于一体的近现代历史文化风貌区。它不仅承担了延续城市传统记忆的责任，还完整和真实地展现福州这座城市的传统格局和历史文脉。

四、教学思考

1. 参观完烟台山的这些建筑物，请谈谈你对那段屈辱历史的感受？

2. 烟台山的历史文化风貌蕴含着怎样的"中西交融、古今碰撞"的特点？

3. 保护和修复烟台山历史风貌区对于建设福州历史文化名城有什么重要意义？

4. 结合烟台山历史风貌区的建设，谈谈如何处理传统历史风貌保护与现代城市建设的关系。

五、教学流程

1. 驱车前往烟台山公园，时间约 30 分钟。

2. 步行参观路线：荷兰领事馆—烟台山公园月宫门—古烽火台—乐群楼（英国领事馆）—闽海关税务司官邸—法国领事馆—春伦大众茶馆（神学院）—圣约翰教堂（石厝教堂）—美国领事馆，时间约 90 分钟。

3. 课程开发人员总结提升，时间约 20 分钟。

4. 返程。

第二节 基本情况

历经中西文明的碰撞与交流,烟台山已然领福州近代风气之先,成为中西文化的交融点、福建辛亥革命的策源地、西洋建筑样式的活化石。

这里创造了诸多的福州之最:

福州第一家国有银行——大清银行(中国银行的前身)创办在仓前山。

福州西医的诞生地——清道光二十七年(1847年),仓山中州岛出现了福州最早的西医机构,是由美国基督教美以美会(卫理公会)传教士怀特设立的西医诊所。

福州首家西药店——清咸丰三年(1853年),英国领事馆馆医连尼和福州商人蒋鹤书等4人合资开办屈臣氏药房(与香港屈臣氏药房为联号关系),选址于仓山大岭顶,这是福州首家西药店。最初的药店只有现成的片剂、针剂和一些合剂,到了20世纪30年代,有些教会医院药房已经能调配酊、膏、合剂及制作盐酸普鲁卡因注射液等20多个品种。

福州最早的近代印刷企业(福建最早采用新式印刷技术的图书出版机构)——美华书局(1859年由美国教会创办,1862年落成并正式开始营业,印刷发行教会报刊、书籍等。福州人第一份自己办的华文报《福报》就设在美华书局内,为宣传维新变法起了很大的作用。)

福州首家以蒸汽为动力的机械制茶厂——阜昌制茶厂(1872年由俄国商人开办)。

大清福州电报局和英国大东水线电报公司分别诞生于东窑河泛船浦，福州最早的电话在这里启用。1897 年 3 月，福州邮政总局在泛船浦创办，是福州邮电的发源地和中心。

福州最早的自来水厂。1897 年，美国传教士在天安堂斜对面江滨建设小型自来水供应站。

2014 年，福州市出台《烟台山历史文化风貌区、公园路历史建筑群、马厂街历史建筑群保护规划》，仓山区随即结合新一轮城市品质提升、古厝保护提升等工作，对烟台山历史文化风貌区进行改造提升。让老建筑连接过去和未来，是古建筑修缮的最大难点，尤其是对烟台山这个拥有明清中式、哥特式、新古典、巴洛克等多元建筑风格的"万国建筑博物馆"来说，是有很大的难度的。福州秉承"保留、传承、创新"的理念，在拆除搭建在文物保护建筑上的棚户建筑，恢复历史风貌的同时，汲取当年三坊七巷在保护和改造方面的经验和教训，聘请设计院设计修缮方案，邀请专家进行评审，聘请专业施工队伍进行施工，完成后再邀请专家进行验收，力求做到"修旧如旧"，而且在有限的历史遗物复原的同时，植入满足当代生活场景，让烟台山的历史在这里得以续写。①

目前，使馆区街巷肌理上保留与还原了 46 栋古厝和 13 条漫步街区。在第 44 届世界遗产大会期间，烟台山历史文化风貌区是大会嘉宾参观考察路线之一。烟台山上每一座房子都有自己的故事，它浓缩了福州的近现代史，体现着中西交融、古今碰撞的文化历程，是福州历史文化发展进程中不可或缺的环节。

---

① 参见《福州烟台山：申遗起航，擦亮闽都文化名片》，《福建日报》2021 年 11 月 8 日。

第三节　主要内容

一、荷兰领事馆

荷兰领事馆（仓山影剧院）是典型的苏联新古典主义风格，清朝时这里是一家洋行，叫太兴洋行，老板高士威是一个英国商人。英国商人开办的商行与荷兰领事馆又有着怎样的关系呢？早在 1897 年，这个英国商人高士威被任命为荷兰驻福州领事，于是他经营的这家"太兴洋行"就一直被作为荷兰驻福州领事馆使用。1930 年，高士威离开福州，荷兰领事馆也就不在太兴洋行办公了。再后来太兴洋行建筑在一场火灾中被烧毁，1956 年，福州市茶叶界人士在这里集资依照当时流行的苏式风格在原来荷兰领事馆的废墟上建起了仓山影剧院。英国人的房子成为荷兰人的领事馆，然后又盖起了苏式建筑。

二、英国领事馆

英国驻福州领事馆于清咸丰四年（1854 年）动工，咸丰九年（1859 年）完工，耗时 5 年，建成办公楼一座，乐群楼一座，以及一些住宅等配套建筑。乐群路建筑主体占地面积 626.2 平方米，高 11 米，长 20.2 米，宽 30 米，依山而建，是一座二层砖木结构的西式建筑。乐群路就是因乐群楼而得名。这是中国现存最早的娱乐建筑之一。乐群楼建成后成为在福州的各国领事及商人聚会娱乐的场所，因此民间也称它为"万国俱乐部"，很受外侨的欢迎。20 世纪 50 年代，乐群楼被辟为民宅，外廊也用砖封死作为房间，外观严重破损，唯有入口门廊尚可辨

图 7—2　荷兰领事馆（仓山影剧院）

认。2013 年，乐群楼被公布为福建省文物保护单位。自 1844 年 7 月到 1941 年，英国先后共派 32 位领事入驻福州，其中有的仅待了几个月，有的则长达 10 余年。

三、法国领事馆

法国领事馆在对湖路 2 号，位于乐群路南侧的山坡上，斜对卫理公会总部和圣约翰堂（石厝教堂）。总建筑面积 1758.35 平方米，主楼为两层带地下室券廊式（殖民式）建筑。

在历任法国驻福州领事中，保罗·克洛代尔（又译为高乐待）可能是最为世人所熟悉的，不仅因为他的外交官身份，更因为他在福州撰写的一系列介绍中国文学作品的文章。克洛代尔是法国象征主义诗歌及戏剧的后期代表人物，从 1895 年起，他前后三次在华居住，时间长达 15 年，曾经在上海、福州、汉口、北京、天津等地任职。其中，他在福州待的时间最长，前后一共 7 年，在他的著名散文集《认识东方》中有半数作品诞生于福州。

民国三十二年（1943 年），各国在华的治外法权被全面撤销，法国驻福州领事馆是否就此撤销，战后该建筑做何功能，目前均未发现任何资料记载。1949 年后该建筑为政府所有，1970 年后为福建省军区司令部使用，1990 年后为海军后勤部使用，在 20 世纪 90 年代末被拆。

四、美国领事馆

坐落于烟台山西侧的爱国路 2 号便是 17 座领事馆中较为特别的一座，始建于 1863 年，融合了西方古典主义、巴洛克、殖民地等多种建筑风格。墨尔本大学图书馆里的《美国驻中国福州领事馆领事报告（1849—1906）》记载了这座建筑的身世。它最早为 J. Forster 洋行所有，经营茶叶生意，几经易主后归属怡和洋行，在 1891—1928 年租借给美国作为领事馆，新中国成立后被当作民居使用，入住居民根据生活需要改变了它的空间格局和使用功能。

美国领事馆在这里建起来要从美国早期的大商行——旗昌洋行说起。1853 年，清政府被迫开放福州茶市，允许茶叶从福州出口，各地茶叶经福建海关输往欧美各国。在一段时间内，福州成为全世界最大的茶叶港口，旗昌洋行的轮船在福州海域内河频繁出入，控制了福州的江海航权。不只在福州，旗昌势力还深入到了中国各通商口岸，当时美国驻华领事几乎都成为旗昌洋行的股东。而旗昌洋行的高官也都成为"商人领事"。1853 年，美国政府委任旗昌洋行的首领克拉克代理福州领事业务。清咸丰四年（1854 年），美国政府正式向福州派出颛①士格立为领事，设立领事馆。

在烟台山有两个美国领事馆，一个是麦园路的美国领事馆，另一个是爱国路 2 号的美国领事馆。爱国路 2 号的这幢建筑最早是天祥洋行，1890 年，天祥洋行创始人亚当逊退休，公司生意大幅衰退。1891 年，此建筑产权属于怡和洋行所有，怡和洋行拥有此建筑后即直接租给美国驻福州领事馆使用。一直到 1893 年，美国驻福州领事萨米尔还在为没有一套产权归属的领事馆办公地而发愁，曾经十分急切地向美国政府申请购买当时怡和洋行（爱国路 2 号）的建筑作为美领事办公地，为此多次写信给当时美国的国务卿，并一再和怡和洋行商洽价格，但最后美国政府并没有同意购买。美国领事馆在怡和洋行的建筑中办公时间长达二十几年，最迟至民国 17 年（1928 年），仍有资料记载美国领事馆在爱国路 2 号的建筑内办公。此后他们购置了位于今麦园路 84 号福建省卫生厅卫生监督所内的建筑作为办公地，那是美国领事馆的最终地址。1949 年后，美国驻福州领事馆撤销，原馆舍被拨付给福州卫生学校使用，20 世纪 90 年代末拆建成学生宿舍。

经过精心修复和筹备，麦园路的原美国领事馆内布置了《烟山芳华——福州烟台山百年历史文化特色展》，展现烟台山的文化脉络和历史轨迹。而改造后的爱国路 2 号的美国领事馆则以烟台山历史博物馆的全新功能向公众开放。目前，老建筑的一层设计为对外开放的展览空间，展示与福州、烟台山、爱国路 2 号相关的资料、物件；二层则作为休憩、欣赏与洽谈的空间，并且在围廊的旧墙面外加了可拆卸的玻璃外墙，展现出爱国路 2 号不同时期的风貌。

---

① 音同"专"。

五、闽海关税务司官邸

闽海关税务司公馆位于乐群路 12 号，为清代、民国时期闽海关税务司（关长）的住处，始建于清光绪三年（1877 年），民国十五年（1926 年）重建；为两层砖木结构建筑，局部设有地下室，四面环廊，中央一条走道，两侧对称布置房间，各走道与外廊均设有楼梯。比较特别的是，两层外廊均为封闭式，且互不相通，这样外廊就被分隔成为各房间的附属阳台。立面较简洁，无过多脚线，屋檐出挑较多。[1]

图 7—3　闽海关税务司官邸

1858 年，帝国主义列强用武力迫使清政府签订了《通商章程善后条约》，条约规定中国关税"各口划一办理""邀请洋人帮办税务"，在列强要挟下，1861 年，洋关设立，洋税务司便控制了福建海关行政管

---

① 参见《闽海关税务司官邸》，福州市博物馆官微，2020 年 12 月 15 日。

理大权，此后的海关税以课征轮船贸易为主，征收量较大，占口岸贸易的大部分称"洋税"。而由福州将军兼管的旧闽海关形式上虽然存在，但只征收海关所在地 50 里内往来的帆船贸易税，称为"常税"。这时期口岸轮船贸易迅速发展，传统的帆船贸易却日益萎缩。1901 年，列强迫使清政府签订《辛丑条约》，将"常税"连同"洋税"一起抵付庚子赔款，从此清政府所设的海关监督更是徒有虚名。

据《福建省志·海关志》的记载，从 1861 年洋关设立到 1949 年新中国成立，担任福建海关主管的官员共计 131 人，其中只有 5 位为中国人，其余均为外国人，约占官员总人数的 96.2%。可以说，海关大权几乎完全掌握在外国人手里，福州对外贸易的主权为外国列强所控制，这种状况一直持续到新中国成立。[①]

2018 年，福建海关税务司官邸正式开始修复，如今作为福州海关历史文化的展览馆对外开放。

六、圣约翰堂

圣约翰堂位于仓前山乐群路 8 号，俗称石厝教堂。在福州方言里，"厝"是房屋的意思，顾名思义，"石厝教堂"也就是石头砌成的教堂。该堂由英国圣公会筹建，是一座石砌木构、可容纳百人以上聚会的典型的英国乡村小教堂。

中英《南京条约》签订后，福州被辟为对外开放的五口通商口岸之一。外国商人、传教士接踵而来，开洋行、建教堂、办学校、办医院等，烟台山地区成为外国领事馆区，洋人云集。当时，福州教会的主要负责人是英国人。清咸丰八年（1858 年），他们集资聘请香港土木工程

---

① 参见黄国盛、李森林：《清代闽海关沿革》，《文史知识》1995 年第 4 期。

师 T. G. Walkers 设计兴建圣约翰堂。教堂落成于清咸丰十年（1860年），坐北朝南，占地面积 420 多平方米，建筑面积 270.34 平方米。仿哥特式建筑，整座教堂用青石砌成，坚固美观，内部装修庄严典雅，主要供侨居在福州的英国人举行宗教活动。其建筑形式、命名方式等都是典型的欧洲方式，其驻堂神父也不由教会指派，而是由侨民集资聘请。教堂建成后，不仅英国侨民到此做弥撒，欧美其他国家的新教徒也多选择此处进行宗教活动，故有"国际教堂"之称。

堂内有两个铜质纪念碑：一个是为纪念多次来福建的主教霍约瑟，该主教于清光绪三十二年（1906 年）在香港附近遇台风舟覆而殁；另一个是为纪念"Taplake"号英国舰船，该舰于清同治十二年（1873 年）在台湾海峡遇台风而覆没，全体船员遇难。教堂外正中则是一座纪念坊，该坊是为纪念每一次世界的大战争中，由福州前往参战阵亡的英侨而建的。

1966 年，该堂停止活动。

1992 年，石厝教堂被列为福州市文物保护单位。2010 年，仓山区政府出资开始修复石厝教堂，至 2012 年 5 月完成修复工作，恢复了石厝教堂的历史原貌。①

石厝教堂的修复过程中还有"小彩蛋"：施工人员本着"修旧还旧"的原则，根据百年前的老照片，复制石厝教堂的石台阶。但在施工过程中，发现原先的水泥台阶下有石台阶的痕迹，慢慢凿开水泥后，没想到百年前的石台阶就保留在原地。石台阶在水泥下埋藏 60 多年后，仍可以使用。②

---

① 参见福州市仓山区政协、福州市仓山区烟台山管委会编：《行走烟台山》，海峡出版发行集团鹭江出版社 2016 年版，第 70 页。

② 参见《〖福州古厝保护（四）〗百年芳华烟台山》，福州市自然资源和规划局网站，2020 年 5 月 13 日。

第四节　教学小结

一、烟台山是福州历史文化的重要组成部分

屏山是福州城市中轴线的开端，汉闽越王无诸建冶城，奠定了福州这座 2000 多年历史古城的发展走向。三坊七巷则是士大夫文化的代表，承载了当时的封建社会文明以及后来的半殖民地半封建社会的风云。闽江北岸的上下杭，是明清时期的商贸文化代表，处处可见当年勃勃生机的资本主义萌芽。福州城市中轴线的尾端，便是烟台山，这片区域拉开了福州近代历程的序幕。从 2000 多年前的闽越国建都，到近代的对外交流与西式建筑，体现了福州城市乃至福建历史的文脉传承。烟台山地区蕴积了福州地区独具特色的历史传统。

烟台山既有古老书院又有新式学堂；既有传统民间信仰，又有外来宗教文化；既有疍家渔船，又有外商番船；既有国内盐仓粮库，又有舶来石油银行……总之，烟台山因为连接福州城内的传统文化而又受纳域外文明，新旧交错、中外交融，成为独具特色的文化新区，也是福州城市对外交往与展示的耀眼名片。

二、烟台山记载中国近代史上的屈辱往事

习近平同志在《福州古厝》序中写道："古建筑是科技文化知识与艺术的结合体，古建筑也是历史载体。当我们来到戚公祠，似乎可以感受到它正气宇轩昂地向我们介绍戚将军带领着戚家军杀得倭寇丢盔弃甲的战史。当我们来到马尾昭忠祠，它正语气凝重地向我们叙谈福建水师

遭到法国军舰突袭奋起反抗的悲壮历史。"①而烟台山上的各色领事馆建筑也向我们叙述着那段屈辱往事。

鸦片战争爆发后，中英签订《南京条约》，将福州列为五口通商口岸之一，福州城自此走上了坎坷的近代历程。1844 年至 1903 年间，英、美、法、德、日等 17 个国家先后在烟台山设立领事馆。当时领事馆的设立，实际上标志着中国政府领土、领海、司法、关税和贸易主权的逐渐丧失，为西方资本主义掠夺中国打开了方便之门。同时，西方基督教会、天主教会不断派传教士来到福州建教堂、办学校、开医院、开设洋行、发行报刊等，进行全方位的文化输入。近代西方文明的一些先进成果如机械设备、西医西药、电报电话和教育制度等亦随之传入，烟台山逐渐发展成为外国人集中的居留地，建筑也呈现异域色彩，后来有了"万国建筑博物馆"之称。因此，走在烟台山上，参观着这些各具特色的建筑物，感受异域风情的同时，我们也不能忘记那段丧权辱国的屈辱历史，更要以史为鉴，团结在中国共产党的领导下，为中华民族的伟大复兴而努力奋斗。

三、处理好古与今的关系是处理传统历史风貌保护的重要问题

1992 年 1 月 24 日，习近平同志在《福建日报》上发表署名文章《处理好城市建设中八个关系》，高屋建瓴地论述了推进城市建设这项"复杂的社会系统工程"，必须妥善处理好的八个关系：上与下、远与近、旧与新、内与外、好与差、大与小、建与管、古与今。

其中，"古与今"着重论述的是如何处理传统历史风貌保护与现代城市建设的关系。习近平总书记说："我们认为，保护古城是与发展现

①　参见习近平同志为曾意丹著《福州古厝》（福建人民出版社 2019 年版）所作的序，第 1 页。

代化相一致的，应当把古城的保护、建设和利用有机地结合起来。"①

2019 年 2 月 1 日，习近平总书记在北京考察时强调，"一个城市的历史遗迹、文化古迹、人文底蕴，是城市生命的一部分。文化底蕴毁掉了，城市建得再新再好，也是缺乏生命力的。要把老城区改造提升同保护历史遗迹、保存历史文脉统一起来，既要改善人居环境，又要保护历史文化底蕴，让历史文化和现代生活融为一体。"② 从中我们可以看出，习近平总书记对于如何处理传统历史风貌保护与现代城市建设的关系是一以贯之的。

这几年福州市城建提速，历史名城增添了现代都市的色彩，但是并没有破坏"三山两塔"的基本格局和三坊七巷的古城风貌。正因为较好地处理了"古与今"的关系，才有了相得益彰的结果：历史名城在发展中得到了保护，在保护中得到了发展。

同样，在建设烟台山历史风貌区的过程中，通过古法修缮和再设计，提取了烟台山中西结合的风貌基因，再对其进行空间记忆的重塑，把福州人的记忆融化在设计中，让老建筑重新焕发光彩，"重拾"烟台山，使它成为一个既能汲取先人历史智慧与文化营养，又能体现中外文化交融风韵与中华优秀传统文化价值的地方。

---

① 《习近平在福建保护文化遗产纪事》，《福建日报》2015 年 1 月 6 日。
② 《习近平春节前夕在北京看望慰问基层干部群众》，人民网，2019 年 2 月 2 日。

第八章　民族精神　自强不息

——中国船政文化城现场教学

第一节　教学安排

一、教学主题

通过中国船政文化博物馆、船厂片区、昭忠祠的现场教学，回溯船政史，深入解读船政文化的丰富内涵，在船政先贤"海国图梦"的执着追求中感悟作为船政文化精髓的以爱国主义为核心的中华民族精神，在此基础上深刻领会习近平同志在福建工作期间关于文化遗产保护与传承的重要举措及其时代意义。

二、教学目的

1. 回溯船政史，通过从国家制度层面剖析船政兴衰的根本原因来深入理解中国近代史的演进过程。

2. 重温船政发展历程中那段光辉而又悲壮的岁月，在船政先贤"海国图梦"的执着追求中感悟中华民族特有的独立自主、开拓创新、以天下为己任、自强不息、求真务实、敢于担当的爱国主义民族精神。

3. 习近平同志在福州工作期间，不遗余力地推动文物和古建筑保护，提出了许多前瞻性的理念，进行了一系列开创性的探索和实践，表现了传承发展历史文化的高境界、大格局。对此，我们要深入学习和领会。

三、教学点简介

（一）中国船政文化城

中国船政文化城位于福州市马尾区，闽江下游北岸，距福州市区约

20 千米，占地约 111 万平方米。中国船政文化城是用"城"的概念，对高度关联、呼应衔接的船政文化体系进行文脉梳理和资源整合，全面展示民族工业发源地、近现代海军发祥地、遗产活化展示地的文化内涵，按功能定位分为官街片区、船厂片区、马限山片区、旧港区片区、罗星塔片区等五大片区。中国船政文化城是全国保存最好、体系最完整的近代工业文化遗产，入选第二批"中国 20 世纪建筑遗产名录"和"中国工业遗产保护名录"，先后被授予"全国爱国主义教育示范基地""国家国防教育示范基地""海峡两岸交流基地""中国人居环境范例奖""全国人文社会科学基地""国家重点公园""全国海洋意识教育基地""全国中小学生研学实践教育基地"等荣誉称号。

（二）中国船政文化博物馆

中国船政文化博物馆是以弘扬船政文化为主题的专题博物馆，筹建于 1997 年，旧址位于古港马尾马限山麓，原名为中国近代海军博物馆，2004 年全面改版后更名为中国船政文化博物馆。2010 年对外免费开放，现搬迁至中国船政文化城船厂旧址片区综合仓库，为国家三级博物馆，是国家国防教育示范基地、全国人文社会科学基地、福建省高等学校思政理论课实践教学基地、福建标志性文化旅游场馆，获得"全国工人先锋号"及"全国巾帼文明岗"等称号。

中国船政文化博物馆的展厅面积约 4500 平方米，是一座以弘扬船政文化为主题的集固定展陈、主题临展、文物收藏、学术研究与交流等功能于一体的专题博物馆。展馆展示了船政在近代中国先进科技、新式教育、工业制造、西方经典文化翻译传播等方面取得的丰硕成果。

（三）以铁胁厂、轮机车间为代表的船厂片区

船厂片区以船政的船厂遗迹为载体，展示船政工业体系在造船、造飞机等方面突出的工业成就。综合仓库作为中国船政文化博物馆；铁胁

图 8—1　中国船政文化博物馆建筑外貌

厂作为造船、飞机展览场所；轮机车间作为重要展馆；甲居课保障组陈列 1∶1 甲型一号水上飞机；机修车间作为中国历代军事博物馆；绘事院作为展陈展示；机装课仓库作为船政书局。

（四）马江海战纪念馆

马江海战纪念馆又名昭忠祠，1996 年列为全国重点文物保护单位；位于福州城东 17 千米处马尾区马限山东南麓，建筑面积 3000 多平方米。为纪念 1884 年中法马江海战阵亡官兵，1886 年 12 月建成昭忠祠。1984 年重修，辟为此馆。陈列分两大部分：以文物、照片、模型等反映船政的兴衰史；以烈士遗物、碑石、图片等再现中法马江海战的悲壮情景。馆西为烈士冢，馆与冢之间的鱼塘旁新建追思亭，山上有古炮台。纪念馆为全国重点文物保护单位、福建省爱国主义教育基地。

四、教学思考

1. 船政是包括设造船厂、造军舰、办学堂、派留学生、组舰队等

图 8—2　昭忠祠

事务在内的综合性海防事务机构，在船政先贤"海国图梦"的"富国强兵"举措中，体现出船政在哪些方面的伟大成就？

2. 作为船政工业体系的重要组成部分，铁胁厂、轮机车间各承担了什么样的重要功能？

3. 船政文化中蕴含着怎样的民族精神？我们应如何弘扬船政文化中自强不息的民族精神？

4. 习近平同志在福建工作期间对船政文化的关切体现在哪些方面，我们应如何牢记嘱托，做好船政文化的宣传和保护工作？

五、教学流程

1. 驱车前往中国船政文化博物馆，时间约 30 分钟。

2. 参观中国船政文化博物馆，时间约 45 分钟。

3. 参观铁胁厂、轮机车间，时间约 30 分钟。

4. 参观马江海战纪念馆（昭忠祠），时间约 30 分钟。

5. 课程开发人员总结提升，时间约 10 分钟。

6. 返程。

第二节　基本情况

一、船政文化

18 世纪末，从英国发端的工业革命推动整个人类社会走入近代化。1776 年，英国工程师瓦特发明了实用型蒸汽机，机器开始替代人力，蒸汽动力火车、蒸汽动力机床、机器采矿有线电报、蒸汽动力的发电机、电灯等发明层出不穷。西方凭借在科技、军事上的巨大先发优势不断掠夺落后国家和民族。蒸汽动力军舰的出现让中国人刻骨铭心。

两次鸦片战争的失败让大清帝国认识到"天朝大国"已不复存在，"师夷长技以制夷""以夷攻夷"等主张充斥中华大地，面对对外作战接连败北的局面，清政府深感海防的重要，决心对旧式水师进行革新。清同治五年（1866 年），闽浙总督左宗棠在福州马尾创办了船政，轰轰烈烈地开展了建船厂、造兵舰、制飞机、办学堂、引人才、派学童出洋留学等一系列"富国强兵"活动，展现了近代中国科学技术、新式教育、工业制造、国防建设、西方经典文化翻译传播、东西方文化交流等方面的丰硕成果，孕育了诸多仁人志士及其先进思想，折射出中华民族特有的独立自主、开拓创新、以天下为己任、自强不息、求真务实、敢于担当的爱国主义民族精神，形成了独特的船政文化。

"一部船政史，半部中国近代史"，船政虽然只存在 40 多年，但是作为中国近代化运动的代表性成果，在中国历史上具有特殊的地位。船政是中国首个综合性的近代海防事务机构，是中国近代化海军舰队的诞生地，是中国首个大规模的造船工业基地，是中国近代海军和船舶工程教育的创始地，是中国近代海军传统文化的育成地，是中国近代工业技术人才的重要输出地。现遗存轮机车间、铁胁厂、绘事院、法式钟楼、一号船坞、二号船坞、昭忠祠、罗星塔等史迹。

船政拉开了近代中国工业化的序幕，是中华民族向海图强的历史起点。习近平同志在福建工作期间，曾 6 次调研福建船政文化，强调以船政建筑群为基础，精心规划，建立爱国主义教育基地和近代工业博物馆，大力弘扬船政优良传统。① 近年来，福建认真贯彻落实习近平总书记关于弘扬船政优良传统的重要指示精神，不断丰富船政文化载体，促进船政文化发展，福州市马尾区大手笔建设"马尾·中国船政文化城"，用"城"的概念，对高度关联、呼应衔接的船政文化体系进行文脉梳理和资源整合，全面展示民族工业发源地、近现代海军发祥地、遗产活化展示地的文化内涵。

二、船政十三厂

1866 年末，船政的基础建设在马尾中岐乡一块靠近闽江的土地上开工，总占地面积约 23 万平方米。为了确保完全掌握近代舰船的建造技术，消除未来在技术和产品方面被封锁的威胁，船政要求与军舰相关的所有工业产品都要在船政建起专门的生产线。为此，大到蒸汽机、锅炉，小到缆绳、耐火砖，全部实现国产自造。

19 世纪 70 年代中期，船政在沈葆桢的主持下达到全盛，占地面积

---

① 参见陈丽霞：《全国政协委员陈义兴：传承和弘扬福建船政文化意义重大》，光明网，2019 年 3 月 12 日。

40 万平方米，建成轮机厂、锅炉厂、铸造厂、船厂、打铁厂、帆缆厂等十三厂，史称"船政十三厂"，员工 3000 余人，是当时最主要的造船基地。船政造船工人在艰难的条件下，迅速掌握了近代的造船本领，从 1869 年成功建造中国第一艘千吨级木质兵船"万年清"号，到 1889 年制成中国第一艘钢质军舰"平远"号，仅以 20 年时间，就实现了从造木壳船到造钢壳军舰的技术进步，再一次充分显示了中华民族自立自强的非凡能力。船政 40 多年共制造各式兵、商船 40 余艘，占这一时期中国造船总量的 82.3%。

三、马江海战

马江海战又称马尾海战、中法马江海战，是中法战争中的一场战役。清光绪十年（1884 年），法国远东舰队司令孤拔率舰 6 艘侵入福建马尾港，停泊于罗星塔附近，伺机攻击清军军舰。朝廷"彼若不动，我亦不发"，于是张佩纶、何如璋、穆图善等下令"无旨不得先行开炮，必待敌船开火，始准还击，违者虽胜犹斩"。1884 年 8 月 23 日，法舰首先发起进攻，船政水师仓皇应战，船政水师的舰只还没来得及起锚，就被法舰的炮弹击沉两艘，重创多艘。船政水师对法国军舰展开英勇还击，但是由于未做任何军事准备，加上装备落后、火力处于劣势。海战不到 30 分钟，船政水师兵舰 11 艘（扬武、济安、飞云、福星、福胜、建胜、振威、永保、琛航 9 舰被击毁，另有伏波、艺新两舰自沉）以及运输船多艘沉没，殉国官兵 760 人，船政水师几乎全军覆没。战斗不到 1 个小时，船政水师几乎丧失了战斗力。而法军仅 5 人死亡，15 人受伤，军舰伤 3 艘，还摧毁了马尾造船厂和两岸炮台。马江海战惨败，激起国人极大愤慨，1884 年 8 月 26 日，清政府被迫向法国宣战，中法战争正式宣告爆发。战后，当时的船政署理大臣张佩纶在 1885 年上奏，请求为马江海战殉国将士设立昭忠祠以作祭祀。

第三节　主要内容

一、中国船政文化博物馆

中国船政文化博物馆是我国唯一一座以船政为主题的博物馆。创建于 1866 年的船政是近代中国人民探索自强之道、民族复兴之路的重要实践产物。在中国近代工业、教育、海军建设等方面做出了积极的探索，取得了诸多辉煌成就。

一楼为浮雕作品参观，这组浮雕作品巧妙地结合了诸多的船政要素和海洋元素。正中是一艘乘风破浪的军舰，它是以船政制造的第一艘军舰"万年清"号为原型塑造，象征着船政在其诞生时，冲破了旧时代黑暗的枷锁，追寻近代化的光明，在实现中华民族伟大复兴的蔚蓝色大海上扬帆起航，劈波斩浪。

二楼为"自强之道"船政历史文化陈列。"自强之道"四个字出自清政府对左宗棠创办船政奏请的批复。1840 年鸦片战争后，中国人开始寻求民族复兴、民族自强的道路，当时船政的这种模式就被视为中国人寻求民族复兴走出的重要一步。二楼展厅分为五个部分介绍船政历史。

（一）"千年变局　自强图存"

该部分讲述了船政诞生的历史背景。

19 世纪的中国遭遇了两次鸦片战争的打击，面临着空前的海疆危机。以林则徐为代表的有识之士倡导开眼看世界，提出"师夷长技以制

图8—3　中国船政文化博物馆一楼浮雕作品

图8—4　中国船政文化博物馆二楼展厅主题

夷"的主张。在两次鸦片战争中，西方列强通过坚船利炮打开了中国的海上大门，获取西方蒸汽动力军舰被看作解决中国海防落后问题的关键。在经历早期外购舰船失败后，洋务派开始思考自行制造舰船。

　　1866 年，时任闽浙总督的左宗棠奏请自造轮船，得到清政府的批准。正当左宗棠积极筹备船政建设时，由于西北军务紧急，清政府下令将其调任陕甘总督，调任之前，左宗棠向清政府力荐沈葆桢出任首任船政大臣。沈葆桢，福州人，先后担任江西巡抚、首任船政大臣、两江总督等职务，是晚清重臣林则徐的女婿兼外甥。在调任陕甘总督之前，左宗棠曾三次拜访沈葆桢，希望他能接掌船政事业，最终，沈葆桢接受了左宗棠的邀请，毅然出任总理船政大臣。

　　(二)"马江之畔　船政成功"

　　该部分讲述了在船政大臣沈葆桢的统筹领导下，船政中外人员通力合作，于 1874 年初，如期完成了建厂、造船、教育等一系列目标，史称"船政成功"。

　　马尾自古就是福州的通海门户，也是东南沿海的重要海港，中外往来贸易频繁。马尾地处闽江下游，闽江口有五虎把门，双龟守护，进入马尾航道的沿岸布防了多处炮台，易守难攻。马尾距离福州较近，便于管理，同时对岸就是长乐闽海关，解决了经费调用的问题，因此马尾成为设厂造船的首选之地。

　　清政府批准左宗棠设立的机构定名为总理船政，简称船政，是近代中国第二个冠以"总理"名义的国家机构，第一个是总理各国事务衙门，它是清政府为办洋务及外交事务而特设的中央机构，而船政是近代中国首个国家特设的海防近代化事务机构。船政不仅仅是造船厂，而是集行政、生产、教育和军队为一体的国家机构，它肩负船政事务管理、舰船设计制造、人员教育、舰队编练等职能。船政采用中西合作的创建模式，对于官员的选用不拘一格，其选用的胡雪岩和叶文澜都是生意人，梁鸣谦与夏献纶也都不是科举出身，他们代表了船政早期选用官员不看出身背景、只论才干的特点。在沈葆桢的主持领导下，船政成为远

东地区规模最大、最早、最专业的造船工业基地之一，后人评价，船政
是"创于左宗棠，而成于沈葆桢"。

在船政创办初期，许多外籍人员得以任用。从 1866 年到 1874 年，
法国海军军官日意格在船政任职，任职期间为船政的发展作出了不少贡
献，鉴于他的功绩，清政府授予他黄马褂、金质功牌、一等男爵等诸多
荣誉。19 世纪的法国是欧洲海军强国，在舰船设计、舰船建造等方面
世界领先，因此，船政的制造专业选择聘请法国老师进行全法语教学，
旨在培养造船人才。船政所聘外国技术团队最初总计 45 人，以法国人
为主，在 1867 年至 1868 年分批到达马尾。

船政凭借丰厚的报酬吸引外国技术人才，与西方技术团队签订了 5
年包教包会的合同。船政正监督的工资为一个月 1200 两白银，折合现
在相当于 120 万元左右，比日本横须贺制铁所①的外国技术人员薪水高
出 89600 法郎。船政创建时期的经费达到 579 万两白银（相当于李鸿章
创建北洋水师时所用经费的 1/4），但是取得了丰硕的成果，建成了中
国第一所海军军官学校、中国第一所工程技术学校、中国第一所职业技
术学校等。

（三）"闽堂开山 育才强邦"

该部分讲述了船政在教育方面取得的巨大成就。

左宗棠、沈葆桢非常重视人才培养，提出"船政的根本在于学堂"，
在创办船政的同时全面引入西式教育，于 1866 年开办了求是堂艺局，
学堂招生没有身份限制，年满 13—16 岁都可参加报名考试，旨在培养
中国自己的专业人才。1867 年，求是堂艺局迁至马尾，更名船政学堂，
依据学堂所处地理位置的不同，分为前学堂和后学堂。前学堂属于工程

---

① 日本横须贺制铁所成立于 1865 年，为日本德川幕府设立，于 1876 年制成第一艘日产军
舰，比船政制成第一艘千吨级蒸汽暗轮军舰"万年清"号的时间晚了 8 年。

图8—5　博物馆内船政全景沙盘

图8—6　大清御赐的船政成功银牌

师学校，开设制造专业，以法语为主要教学语言，聘请法国老师，培养造船工程师。同时附设绘事院，培育舰船设计师和工程制图人员，是中国最早的工程制图教育机构。后学堂属于海军军官学校，开设驾驶和轮机专业，聘请英国老师进行英语教学，目的是培育海军人才。1868 年，为培养专业技术工人，船政开设艺圃，这是中国第一所职业专科学校，采用理论和实践相结合的教学模式，培养了中国第一批产业技术工人。为了加快教学进度，后学堂从香港中央书院（后称皇仁书院）等学校劝招成绩优秀、具有良好英文和西学基础的学生入学船政，跳过理论学习，直接进行航海实践，组成了外堂生班级，像吕翰、邓世昌等都属于外堂生。除传统的学堂、艺圃外，船政于 1874 年在福州南台岛开设了中国首个近代电信学校——电报学堂，电报学堂的学生参与铺设了从福州川石岛至台湾淡水的第一条海底电缆——川淡海底电缆，这条海底电缆全长 117 海里，被誉为"海上电信丝路"。

船政学堂初期采取独特的一师制教学，前、后学堂的理论课程各有一名洋教习负责教学，另搭配数量不等的助教。船政学堂有三种教学模式，即堂课、厂课、舰课。堂课就是在课堂上学习，堂课毕业后，学生就被分派到造船厂和练习舰上实习。1872 年，船政组织学生跟随"建威"号出海实习，开启首次海上远航。后学堂的训练航行路线南至槟城，北到营口，出发时由教习和水兵操作，返航时由学员自行操作，由洋教习考核检验学习成果，通过方可毕业。船政学堂和艺圃的学员管理和考核制度非常严格：一年中，学生在端午、中秋、春节才能放假，星期日给假一天但不许回家；船政学生入学三个月后进行甄别考试，通过者每月发放 4 两银元补贴家用，未通过者革退；教学开始后，每三个月进行考核，考一等者赏 10 两银元，考二等者无赏无罚，连续三次考一等者另赏衣料，连续三次考三等者勒令退学。船政学堂以其先进的办学模式和教育理念享誉全国，天津水师学堂、刘公岛水师学堂、南京水师学堂、昆明湖水师学堂等同类海军学校的教学模式、师资力量都与船政有所关联。李鸿章曾评价："闽堂是开山之祖。"

随着第一届船政学子毕业，沈葆桢开始认识到要全面掌握西方先进

图8—7　洋教习为船政学子上课情境

的科学技术，必须派遣优秀学生到国外留学深造，"窥其精微之奥，宜置之庄岳之间"。1877年，船政学堂派出了第一批留学生，由日意格、李凤苞担任留学监督，船政学生陈季同则兼任文案。船政第一批赴英留学生有13名，著名的启蒙思想家严复、北洋海军将领刘步蟾等人也位列其中，赴英留学生的主要留学地点包括北印度舰队、本土舰队以及英国格林威治皇家海军学院等。驾驶学堂的学生被派往英国留学，制造学堂和艺圃的学生则被派往法国留学，此外，日后成为著名矿务学家的池贞权被派往巴黎矿务学校学习，还有一些学生被派往自由政治学院等地深造。由于第一届留学计划颇具成效，船政学堂又陆续派出三批留学生，截止到辛亥革命，船政一共派遣了107位学生到国外留学深造，船政学子所学专业不仅限于军用、民用领域，在社会科学等领域也有所涉及，这是近代中国首个全面成功的留学计划，从清末宣统开始，计划又进一步扩至国家举办的海军、海事人员的进修活动。

船政历经了搬迁与合并，走着一条艰难而曲折的道路。

民国时期船政学堂归由民国海军部管辖。1913 年，前、后学堂分别更名为福州海军制造学校和福州海军学校。1917 年，又开办了福州海军飞潜学校，这是我国第一所培养海军飞潜人才的高等专科学校。1926 年，福州海军制造学校与福州海军飞潜学校并入福州海军学校，于 1931 年更名为海军学校。抗日战争中，海军学校奉命内迁至贵州桐梓、重庆，继续培育海军人才。由于抗战原因，海军学校的招生工作曾一度暂停，直到 1941 年才开始恢复。

船政不仅创办学堂培育海军人才和造船工程师，在 1868 年时还开设了艺圃培养产业技术工人。1913 年，更名为福州海军艺术学校。1935 年，更名为福建省马江私立勤工初级机械科职业学校。1944 年，保留原福建省马江私立勤工初级机械科职业学校，奉命新建福建省立林森高级商船职业学校。抗战结束后，福建省立林森高级商船职业学校与福建省马江私立勤工初级机械科职业学校合并，更名为福建省立高级航空机械商船职业学校，简称高航学校。1952 年，全国院校进行调整，全校停办。同年造船、轮机、航空机械科并入福建省立福州高级工业职业学校，该校后发展为福建工程学院。而航海科则并入福建航海专业学校，该校后并入大连海运学院，也就是现在的大连海事大学。1953 年，造船科调归上海船舶工业学校。2004 年，更名为江苏科技大学。1982 年，经高航老校友的呼吁，福建省人民政府批准在马尾复办福建马尾商船学校。1988 年，更名为福建船政学校，后来于 1999 年合并成立福建交通职业技术学院。2011 年，正式更名为福建船政交通职业学院。

（四）"工业争先　制器卫国"

这部分主要展现船政在工业制造领域取得的成就。

19 世纪，蒸汽动力舰船是当时科技含量高、构造复杂的工业产品。19 世纪 70 年代，船政就组建了门类齐全的生产体系。

船政的制造部门主要分为造船部分、修船部分和造机部分。造船部分最具代表性的为铁水坪和船台：铁水坪即铁制的栈桥码头，蒸汽机、锅炉等都通过这一码头吊运进舰体内进行安装；船台是重要的造船设施，船政在 1867—1868 年建成了一至三号共三座船台。修船部分即船坞的建造，在初创时，船政就在江岸边建设了亚洲第一座"拉拔特"式铁船槽，也就是拖船坞，主要用于舰船的离水维修，除了这个铁船坞以外，还修建了青州船坞（干船坞）。造机部分包括打铁厂等，旨在制造蒸汽机及其他机器设备。

船政的工业制造发展并不是一帆风顺的，1874 年，清王朝对海军进行战略调整，重视外购军舰，国产军舰遭遇困境，船政面临长期经费不足的制约。在中法战争与甲午战争的影响下，先后出任船政大臣的裴荫森和裕禄在其任内努力筹措资金、争取政策，为造舰创造条件。辛亥革命后，船政于 1912 年改名为福州船政局，由陈兆锵担任福州船政局局长，在其任内政绩卓著。1930 年，福州船政局又更名为马尾造船所。1958 年，船政的船厂旧址再建马尾造船厂，至今发展绵延不绝。

船政培育了中国最早的产业工人，最多时达到 3000 余人，是当时中国规模最大的产业工人群体，他们同时受到马克思主义的熏陶，俄国十月革命爆发后，进步火种传播到福州船政局，反军阀的工人运动频繁出现。林祥谦作为诸多船政工人中的一员，14 岁时进入船政当艺徒，后来领导了 1923 年京汉铁路工人大罢工。

船政在近代工业舰船制造方面取得了丰硕的成果，造船经历了三个阶段，分别是木构时期、铁木合构时期、钢甲时期。船政造船的第一个发展时期是木构时期。"万年清"号是船政制造的第一艘舰船，也是我国第一艘以蒸汽为动力的千吨级木壳暗轮船，1869 年下水，船政大臣沈葆桢亲自为其拟名，取大清江山万年吉祥之寓意。"扬武"号建成于 1872 年，全长 63.33 米，排水量 1560 吨，是亚洲国家自行设计建造的第一艘巡洋舰，建成后长期充当船政舰队的旗舰和船政学堂的教学舰。"艺新"号是第一艘船政毕业生自主研发的军舰，从设计到施工完全由船政学生负责，它的建成展现了船政已经掌握了近代蒸汽动力舰船的制造。船政造船的第二个发展时期是铁木合构时期。"威远"号是我国第一艘铁胁木壳军舰，所谓的铁木合构是指舰船的甲板和龙骨都是由钢或铁制成，外面包了一层木皮。"威远"号铁胁木壳军舰，标志着船政造舰技术的升级。"开济"舰是中国第一艘全金属军舰，也是南洋水师的主力舰。船政造船的第三个发展时期是全钢甲时期。"平远"号是我国第一艘全钢甲舰，也是东亚国家建造的第一艘全钢甲舰，它制造于 1888 年，后来被编入北洋水师，成为北洋主力"八大远"之一，参加了 1894 年的甲午黄海海战，击伤了日本旗舰"松岛"，最终在甲午战争中被日军俘获，于 1904 年的日俄海战中被鱼雷炸沉。

船政在清末后期由于经费枯竭而停止舰船制造。1912 年，中华民国成立之后，海军部有意振兴船政，斥资向船政订购小型炮艇。除了制造军舰，船政还制造商船，1905 年，船政制造了中国第一艘大型商船"宁绍"，这是船政制造的为数不多的客货船，建成后长期运营在宁波至上海的航线上。

20 世纪初，船政工业制造又扩展到了飞机制造领域，在第一次世界大战中，军用飞机首度出现在战场上，海军部意识到其军事价值，于 1918 年在福州船政局下设飞机制造工程处，任命巴玉藻、王助、曾诒

图8—8　扬武号

经为飞机制造处的主任及副主任。三位主任都毕业于美国麻省理工学院航空工程专业，巴玉藻曾任美国寇蒂斯公司和通用公司工程师，王助曾被波音公司聘任为首任工程师，并为该公司设计了第一款量产型飞机"C"型，曾诒经曾在寇蒂斯公司实习，学习航空发动机制造，是近代中国著名的航空发动机专家。受限于经费不足，无法扩大生产规模，巴玉藻等主管人员紧追世界潮流，设计、建造各种原型机作为技术储备，每一种飞机只造了一到两架，将其分别命名为"甲""乙""丙""丁""戊""己""庚""辛"等。海军制造飞机处制造的飞机包括了水上教练机、侦察机、轰炸机、舰载机等，积累了大量航空建设经验。新中国成立后，船政培育出来的98名飞机制造人员投身航空工业建设中，沈阳飞机制造厂、成都飞机制造厂等在创立早期都有船政航空人才的参与。

（五）"捍海卫权　海军根基"

这部分主要展示了船政在海军建设方面的成就。

图 8—9 博物馆二楼展厅甲型一号水上飞机模型

船政是中国近代海军的摇篮，培养了中国第一批海军人才，打造了中国第一支海军舰队。从清末到民国，中国海军的骨干中坚始终有着船政和福州的背景。

1866 年创办的船政以实现海防近代化为目标。随着自造舰船不断增加，1870 年，清政府任命福建水师提督李成谋担任轮船统领，统一管理轮船舰队。船政官员根据中国实际并结合西方海军制度，制定了中国近代最早的舰队规章——《轮船营规》《轮船训练章程》，中国第一支近代化的海军舰队的雏形由此诞生。船政轮船舰队早期的骨干力量多为自学成才者，随着船政后学堂第一期学生毕业，轮船舰队的骨干主要由船政后学堂毕业生担任。船政轮船舰队结合中国传统和西方近代海军旗语制度制定了中国第一套近代海军暗语旗号。

船政制造的舰船分布在全国沿海各省港口，北至（辽宁）营口，南至福州、厦门、广州、台湾的舰船都是由船政所制造并统一管理的，初步实现了中国海上武装力量的近代化。

清末洋务运动时期共有四支近代化舰队，分别是船政轮船舰队、南洋水师、北洋海军、广东水师。不论是南洋水师、北洋水师还是广东水师，他们的骨干力量均来自船政。北洋海军的左、右翼总兵林泰曾和刘步蟾，管带邓世昌均为船政后学堂第一届毕业生。广东水师的管带林国祥、程璧光同样毕业于船政后学堂驾驶班。不管是清末时期还是民国时期，中国近代海军的中坚力量或是出自船政，或是来自福州，如北京政府海军总长程璧光为船政后学堂驾驶班第五届毕业生，而南京政府海军总司令陈绍宽籍贯福州。这就形成了中国近代海军"无闽不成军"的独特历史现象。

图 8—10　孙中山题词

船政创设的重要目标是维护国家海权。从初创开始，船政始终坚守着捍卫海权的使命，挺立在反对外来侵略的战线上。1874 年，日本入侵台湾，沈葆桢受命率领船政轮船舰队渡海保卫台湾，捍卫了领土完整。为加强台湾的海防力量，沈葆桢还主持建设台湾第一座西式炮台——安平炮台。1874 年，日军全面退出台湾，沈葆桢主张"善后即创始"，提出"开山、开禁、开府、开矿"的四开政策，推动台湾走向近代化。当时船政学生采用现代三角测量法绘制出台湾第一份精确地图——《台湾府城并安平海口图》。为了加强台海通信，1887 年，船政学堂下设电报专业的学生参与铺设了福州川石岛至台湾淡水的第一条海底电缆。

19 世纪 80 年代，海军建设停滞倒退，先后爆发了中法马江海战、中日甲午战争。1884 年，法国派海军舰船驶入马江示威，挑起了中法马江海战。由于清政府决策犹豫，不战不和，使得船政舰队处于被动局面，在敌我力量悬殊的情况下海军依然英勇奋战，坚强不屈，表现了"舰虽亡，旗还在"的海军精神。

时隔 10 年，中日甲午战争爆发，甲午海战包括丰岛海战、黄海海战、威海保卫战三场对战，其中黄海海战最为激烈，双方交战时间长达5 个多小时。在甲午海战中，北洋海军参战的主要海军舰长有 14 位，毕业于船政学堂的就有 12 位，其中又有 10 位是毕业于船政后学堂驾驶第一届。可谓一校一级战一国。

在近代中国海军保卫国家海上主权的斗争中，充满了船政人和船政军舰的身影，船政以这样的方式践行着"防海之海、兴海之利"的历史初衷。

早在清末时期，中国海军已经关注到了海疆领土的完整性。1909年，海军军官林国祥等人收复了被日本侵占的东沙岛，广东水师提督李准曾率船政建造的"伏波""琛航"等军舰巡阅南海，并以军舰名命名岛屿、宣示主权，这一事件还刊登在当时的《国闻周报》上。

甲午战争后，雪甲午耻的信念一直镌刻在一代代海军人的心中。1937 年，日本发动全面侵华战争，在敌强我弱的状态下，海军毫不畏惧，展开了封锁战、水雷战、炮队战与日军进行对抗。封锁战中，海军在黄浦江、长江等处构筑了沉船阻塞线，阻挡日军利用水道入侵。海军还组建了布雷游击队，进行敌后布雷，这是中国海军史上前所未有的新战法，有效地削弱了日军的力量。海军主力舰船在江阴阻塞线防御战中损失严重，海军将战损、自沉军舰上的舰炮拆卸上岸，编组为炮队，在长江两岸扼要防御，阻滞日军沿江进犯。太平洋战争爆发后，中国海军先后派出两批军官前往英、美支援盟军作战。

1945 年，日军无条件投降，中国海军总司令陈绍宽在上海签字接收日本投降军舰；1946 年 11 月至 12 月，海军军官林遵率领"太平""永兴"等军舰，收复南海西沙、南沙群岛；1946 年，大量不愿参战的国民党海军官兵，相继投向人民的阵营，参加新中国人民海军的建设中；1949 年 2 月，"黄安"舰率先起义，"重庆"舰等舰船也相继参加了起义；1949 年 4 月 23 日，林遵率领国民党海防第二舰队在南京江面起义，这是国民党海军最大规模的一次起义，同一天中国共产党领导的人民海军在江苏泰州白马庙宣布起义，中华民族向海图强的历史掀开全新的篇章；1949 年 9 月 15 日，以起义海军人员为主，人民海军第一个研究咨询机构——海军研究会成立。

船政的诞生为中国近代海军和船舶工业的建设发展奠定了宝贵的基础，是中华民族伟大复兴道路上的重要探索和早期实践。

二、"船政十三厂"重要遗存：铁胁厂、轮机车间

（一）铁胁厂

铁胁厂是船政历史上重要的生产车间，是中国最早的近代西式铁构架厂房。铁胁厂是由拉铁厂于 1876 年改造而成，见证了船政造船从木质转向钢铁的技术进步。1918 年，海军部将海军飞机制造工程处设在

船政，铁胁厂作为制造飞机的装配车间而使用，中国近代航空业在此启航。新中国成立后，铁胁厂作为马尾造船厂的铸锻车间继续工作。2020年12月，铁胁厂入选第四批国家工业遗产，相关部门秉持"对历史建筑最小干预"的理念，在铁胁厂原有钢结构的外层加装钢结构，并使用玻璃幕墙对其外观进行保护。

图 8—11　铁胁厂内部

自制铁胁。船政是近代中国创办的首个综合性海防事务机构，制造是其最为重要的职能。为了使中国海军装备不落后于世界海军兵器，船政与时俱进，紧跟世界先进的造船技术。1878年，船政制造出了第一艘完全国产化的军舰——"超武"号，其所用的龙骨、铁胁均是船政人员自行仿造的。"超武"号排水量1268吨。1878年6月19日下水，配备1门80磅前膛炮，6门40磅后膛炮，调拨浙江使用，执行浙江海口巡缉任务，中法战争期间驻守镇海；1909年成为练习舰，辛亥革命后编入宁波水上警察厅，成为巡船。

"胁"在近代中国舰船工业中，指舰船主甲板以下的首柱、龙骨、尾柱以及肋骨等，相当于舰船骨架的统称。制造铁胁船的设想是由首任船政大臣沈葆桢于 1875 年提出的，当时即将离任的沈葆桢密切关注西方的造船动态，谋划船政造船从木胁向铁胁的技术转型。1875 年 10 月 29 日，沈葆桢离开马尾就任两江总督，继任船政大臣丁日昌全面主持工作，任上布置了铁胁厂的建设工作。船政造舰紧追世界科技新潮，在完成了从木胁到铁胁的巨大技术提升后，又接连实现了从铁胁木壳舰向铁胁铁壳舰的发展，甚至创造了亚洲国家自行设计建造的第一艘全钢军舰"平远"号。其中，由铁胁厂制造的钢铁骨架成为这些国造军舰的坚强脊梁。

飞向苍穹。在第一次世界大战中，飞机和潜艇的作用大放光彩，1917 年，时任海军总长的刘冠雄着手发展中国航空事业。1918 年，船政局设立海军飞机制造工程处，自行研发飞机和培养航空人才。巴玉藻、王助、曾诒经为制造飞机的核心人物，他们是毕业于美国麻省理工学院的同班同学。1917 年，巴玉藻、王助、曾诒经毅然辞去国外的优厚待遇，回国开创中国的飞机制造业，他们借用船政原有的技术工人和设备开展飞机制造。曾诒经曾在《科学电报》上刊登国产飞机的文章，阐述了海军制造飞机处的设备与实地制造飞机的方法。

海军飞机制造工程处是近代中国第一家正规的飞机制造工厂。在简陋的工作条件下，工程人员秉承着实事求是的务实精神，花费大半年时间从事调查、收集、试验国产材料的工作，以期尽量多地使用国产材料制造飞机。1919 年 8 月，中国第一架"甲型一号"水上教练机制造成功。1931 年，海军飞机制造工程处奉命北迁上海，它在马尾共设计建造各型海军飞机 17 架，有教练机、海岸巡逻机、轰炸机等。其中，"甲型一号"水上教练机机身长 9.32 米、翼展 13.7 米、高 3.88 米，飞行高度达到 3690 米，可航行 3 个小时，最大航速为 126 千米/小时，性能不亚于欧美各国的飞机。"甲型一号"飞机问世，是近代中国自行设计、建造的第一架军用飞机，实现了航空工业零的突破，为中国航空工业的发展奠定了基础，福州马尾成为中国航空业的摇篮。

（二）百年轮机车间

船政轮机厂，占地面积 1800 平方米，是我国最古老的工业生产车间之一，于 1871 年生产出我国第一台大功率船用蒸汽机，它是目前国内仅存最早的民族工业厂房之一，是中国工业化初始阶段的实体见证。2001 年，轮机车间被评为全国重点文物保护单位；2006 年，轮机车间成为工业旅游示范点。

图 8—12　轮机车间正面

自制蒸汽机的专门车间。对建造蒸汽动力的舰船而言，锅炉、蒸汽机等动力设备是蒸汽舰船技术的关键所在。与同时期欧洲造船厂可以通过在本国购买等方式获得这类设备不同，当时中国的近代工业还未起步，根本没有能够与造船工业体系相匹配的机器制造企业，因此，船政在筹划自造轮船之时就定下目标，要使中国获取蒸汽时代工业技术最高峰的自行建造蒸汽机、锅炉的能力，掌握工业革命时代的原发性科技。轮机厂作为"船政十三厂"之一，正是专任制造蒸汽机的部门。1871年，这里成功制造出了中国第一台150匹马力的船用蒸汽机，奠定了其在中国近代工业和近代造船技术上的地位。

国内仅存最早的民族工业厂房。轮机车间建于1867年，建筑俯瞰呈"凹字形"，即由两侧两座对称的纵向厂房和中间一座横向厂房衔接而成，位于两侧的两座厂房为蒸汽机部件装配车间，总面积为2400平方米；在凹字形中间的横向厂房为总装车间（合拢厂），其二楼为绘事院。抗战期间，轮机厂被炸毁一个车间，现仅存北翼。该建筑由法国工程师设计，是具有明显欧洲近代厂房风格的单层砖木铁结构建筑，其外观采用双坡顶拼木屋架，三角形山花立面，拱券落地门窗。建筑材料来自厦门的优质砖块，墙体的厚度达到97厘米。落地窗与墙体是斜角120度，可最大限度采光，利于车间工人工作。房屋地基选用造船厂附近山上的石头，坚固横梁乃新加坡产柚木，跨度超过20米，由船政自行铸造的120根重2500公斤的铁圆柱支撑。因为蒸汽机的构造极为精密，轮机厂内安装的设备包含了进口自法国的车床、铣床等生产设备，在车间里还安装有专门为起重、搬运重物所用的天车，轨道为钢铁拱形体组合，使用的起吊设备为手拉式的"神仙葫芦吊"，至今仍运转良好。百年风雨后，核心厂房中的铸铁厂、锅炉厂及配套的高大烟囱已踪影全无，轮机厂的南厂房也消失了，唯余北厂房和西头的合拢厂，存留的轮机厂在20世纪70年代始改作机修车间使用。

图 8—13　轮机车间内部

三、马江昭忠祠：中国近代海军精神孕育地

在 1884 年爆发的中法马江海战中，船政水师阵亡官兵数百人，战后，当时的船政署理大臣张佩纶在 1885 年上奏清廷，请求为马江之战殉国将士设立专祠以作祭祀，旋获批准。昭忠祠的营建工作由后续船政大臣裴荫森主持，经过择地，最终在马限山东麓一带建设，于清光绪十二年（1886 年）冬竣工落成。裴荫森亲率僚属前往致祭，并亲撰碑文，缅怀烈士功绩。昭忠祠负山面江，广八丈有三尺，深减九尺，五楹并列。民国时期，海军当局及船政学堂校友募捐重修，不断在原基础上扩大规模，昭忠祠面阔 25.5 米，进深 35.4 米，占地 900 多平方米。大门为牌楼式门墙，两翼八字墙，辟三扇拱券门，正门原戏台现改建为重檐歇山、面阔五间的前殿，正厅为硬山顶，面阔五间。马江昭忠祠是中国

第一座国家批准设立、以祭祀海军殉国人员为主的昭忠祠。1934 年，海军当局将甲午中日战争中阵亡的福建籍将士入祠合祀，马江昭忠祠也成为目前中国唯一一座近代海军英烈纪念的专祠，反映了中国近代以来所经历的海防战争与冲突，见证了中国海防事业的发展，是中国近代海军思想、海军文化的重要载体。

（一）闽海警钟——中法马江海战

1884 年 7 月 12 日，法国政府向中国发出最后通牒，要求在 7 天内满足"撤军""赔款"等蛮横要求。法国扬言，如果中国不接受法国提出的要求，法国便要占领福州的港口作为"担保品"。7 月 14 日（闰五月下旬），在孤拔率领下，法国军舰以"游历"为名陆续进入马尾军港，钦差会办福建海疆事宜大臣张佩纶、闽浙总督何璟、福建船政大臣何如璋、福建巡抚张兆栋和福州将军穆图善等，由于对国际法的无知，不知如何处理，竟任由法舰违反国际惯例，驶入马尾，甚至给予友好款待。同时，命令各舰："不准先行开炮，违者虽胜也斩。"于是，法舰在马江每日或四五艘，或五六艘，出入无阻。他们与船政水师军舰首尾相接，并日夜监视之，前后为时月余。船政水师处于被法舰围困的状态，战争一触即发。

马江海战前，也就是 1884 年 8 月 19 日，法国驻华公使向清政府发出最后通牒，要求清政府两天内就观音桥事件赔偿问题作出答复。但清政府对此既不表态，又严令船政水师不得先发制人，导致 8 月 22 日，法国关闭驻华使馆，以示同清政府决裂。8 月 23 日上午 8 点，法国向各国领事馆发出中法今日下午即将开战的通知，但是向闽浙总督何璟下战书却推迟在 8 月 23 日上午 10 点，战书送到福州已是中午，由于当天福州通往马尾的电报线路出了故障，直到下午 1 点 30 分，马江开始退潮，法国各舰纷纷起锚时，张佩纶才发觉形势不对，立刻派魏翰乘坐火轮船前往闽海关打探消息。马江上的法舰误将船政派往闽海关打探消息的火轮船认作前来进攻的中国军舰，于 1884 年 8 月 23 日下午 1 点 56 分提前对船政水师发起攻击，尽管船政水师奋起反抗，但终因双方实力悬殊，加上法国掌握了有利的战机，几乎在法舰的第一轮炮击中就大多受重创，使得整个战争不到半个小时便惨遭失败，船政水师几乎全军覆没。参战的 9 艘军舰，7 艘战沉，2 艘搁浅。

马江海战虽然失败，但却使得清政府更加意识到加强海防的重要性，就在中法战争结束的第二天，清政府展开了第二次海防大筹议，将之前在德国订造完工的"定远"号和"镇远"号从速召回国，并在 1885 年正式设立海军衙门，即统一管理全国海军的机构。另外为重建闽台海防，分别向英国、德国订造了"致远"号和"经远"号巡洋舰。同时船政也在新上任的船政大臣裴荫森的主持下，建造了中国第一艘铁甲舰"龙威"号，后改名"平远"号，后来被编入了北洋水师，成为"北洋八大远"之一，参加了 1894 年的中日甲午海战。1888 年，排名亚洲第一的北洋海军正式成军，共有军舰 25 艘，官兵 4000 余人。因此，马江海战虽然失败了，但并没有导致中国海防的沉沦，反而掀起了晚清时的海防浪潮并加速了北洋海军的建设步伐。

（二）马江之殇——马江海战失败的原因分析

马江海战失败的装备原因：当时的船政水师号称中国第一海军。这是中国第一支近代化海军舰队，比北洋舰队更早，在整军建制和装备水平上均是国内第一，这支水师在某些方面比北洋舰队更有富国强兵的意义，因为它的舰船大都是船政工厂自制（小部分外购），也就是说，这是一只"国产"海军。

中法海战爆发之前，船政水师拥有各型舰船 26 艘，但是由于国内造船水平比较低下，当时的舰船大都是铁肋木壳船，也就是说围护结构都是木制的，不及北洋舰队的外购远字号军舰。首先，主力舰船 10 多艘加起来的总吨位只有 9900 吨，但是在当时已经是国内最大了（北洋舰队尚未形成后来的规模）。相比船政水师的小吨位国产铁肋木壳船和兵商两用船，法军则主要是大吨位的军舰，其装甲、航速、设计都要领先于船政水师的军舰。其次，法军共有火炮 77 门，清军共有火炮 50 余门，而且都是前膛炮，其威力和射速都没办法和法军的后膛炮相比，法军的有些火炮还是最新式的机关炮，数艘法国军舰甚至配有鱼雷。最后，法军的炮弹多是爆破弹，打中清军的船之后，总是会燃起熊熊大火，而清军的炮弹威力就小很多，有的甚至打不穿法舰的装甲。

马江海战失败的战略原因：马江海战开始之前，清廷内部出现了严重的战略分歧。北洋大臣、直隶总督李鸿章认为，现在船政水师装备太差，不足以对抗法军，现在的上策是先求和，然后再做打算。但是清流派的意见则完全不同，清流派认为当下必须决一死战，方可击退法军的进攻。清廷觉得李鸿章言之有理，可是又抹不开面子去反驳清流派的决战论，就在是战是和的思想上左右为难，非常纠结。战机被一点一点延误了。其实早在 7 月 12 日，法军军舰就在孤拔的率领下进入了马江军港，而清政府明明知道法军军舰来者不善，但还是严令船政水师"彼若不动，我亦不发"。在这样的命令之下，船政水师官兵只能是眼睁睁看着法国军舰做好各种战斗准备，在近战博弈下失去作战先机。

（三）马江毅魂：舰虽亡，旗仍在

"青山处处埋忠骨，何必马革裹尸还"，在敌强我弱的绝境之下，船政水师下层官兵英勇抗敌、视死如归，展现了"舰虽亡、旗仍在"的海军精神。

海战中的旗舰"扬武"号首先中雷，正在操炮反击的黄季良当时已经重伤，血流满面，犹发弹不已；片刻后复中一弹，壮烈殉难。在"扬武"号沉没的最后一刻，一名水兵爬上主桅顶挂出龙旗，表示"舰虽亡、旗仍在"，最后"扬武"号舰和舰上的官兵一起共同殉国。距敌舰最近的"福星"号在管带陈英的指挥下开始还击，陈英不顾"弹火雨集，血肉风飞，犹屹立指挥，传令击敌"。统带"福胜""建胜"两艘炮船的吕翰竭力调转船身冲向法国舰队，炮弹爆裂声中，吕翰短衣仗剑，面部中弹不下船台，直到身碎船沉。管带许寿山指挥"阵威"号以一舰对三舰，在舰身中弹沉没前仍发出最后一炮，击中法舰"德斯丹"号，重伤法国舰长。外国目击者描述说："这位管带具有独特的英雄气概，他高贵的抗战自在人的意料中；他留着一樽实弹的炮等待最后一着。当被打得千疮百孔的船身最终倾斜下沉时，他乃拉开引绳，从不幸的'振威'发出嘶嘶而鸣仇深如海的炮弹"，重伤法国舰长和两位士兵。这位目击者惊叹，"这一事件在世界最古老的海军纪录上均无先例"。

英国人赫德观战后说："真正的荣誉应属战败的人们，他们奋战到底，并且和焚烧着的满被枪弹洞穿的舰船一起沉没。"

（四）祭奠海军英烈：碧血千秋，忠昭华夏

昭忠祠的重要功能：祭祀海军英烈。昭忠祠具有重要的祭祀功能，是各界人士到此祭拜马江海战、甲午海战中牺牲英烈的海军纪念专祠。正厅上方的横匾——"碧血千秋"是海军名将萨镇冰所题，由沈葆桢的后代、著名的书法家沈觐寿书写，意思是"生死都要效忠于祖国"。大厅前面陈列的是马江海战、甲午海战中牺牲的烈士牌位。马江海战战败后清政府下旨修建昭忠祠缅怀英烈；甲午海战战败后，清政府没有下旨建立任何祠堂缅怀英烈。直到民国十一年（1922年），海军部开始统计在甲午海战中牺牲的英烈人数，同年由福州船政局局长陈兆锵报请民国政府，将中日甲午战争中为国捐躯的英烈牌位入祀马尾昭忠祠。由于各种原因昭忠祠曾一度只祭祀马江海战烈士牌位，直到2014年，甲午海战 120 周年之际，马江海战纪念馆重新将甲午海军烈士神位供奉入祠，再一次实现了甲申、甲午两役合祀，马江昭忠祠成为海军纪念专祠。2014 年 8 月 23 日，海峡两岸 20 多位高级将领及各界人士数百人汇聚马江昭忠祠，举行纪念甲申海战 130 周年、甲午海战 120 周年公祭活动。从清明祭扫，到各界的公祭活动，祭扫的后裔也越来越多地让后辈一同来参加，先辈的爱国精神在代代相传。

图 8—14　马尾昭忠祠

马江海战烈士陵园。1884 年中法马江海战结束后，闽江沿岸军民自发组织打捞阵亡将士的遗体，将其就近掩埋在马限山东南麓沿江处，先后形成九冢，冢前各立"忠冢"石碑。民国九年（1920 年）由时任福州船政局局长陈兆锵主持，将九冢及福州船政局船坞旁的一批烈士遗骸并为一丘，墓碑亭盖用舰板焊成，饰以铁艺花纹，须弥座基础，座台四边的石栏杆饰以锚链图案。墓碑立于碑亭内，高 1.74 米，宽 0.6 米，竖刻两行楷书："光绪十年七月初三日，马江诸战士埋骨之处"，阴刻，

图 8—15　马江海战烈士陵园

字径 0.12 米；封土呈长方形，四坡顶，面阔 48.5 米，进深 10.8 米，高 1.03 米，花岗石砌墙，洋灰（水泥）盖面，四周环立石望柱，锚链绕连。陵园内广植荔枝果树，并有专人看护。马江海战烈士墓是由民国时期船政局主持修建，为纪念马江海战死难烈士的墓园，是船政历史兴衰转折的重要见证，对近代以来的中国海军文化产生了重要影响。

第四节　教学小结

"一部船政史，半部中国近代史"，船政拉开了近代中国工业化的序幕，是中华民族向海图强的历史起点。晚清的危机主要来源于海上，因此中华民族对近代化的认知起始于海防层面。船政作为国家特设的首个综合性的近代海防事务机构，进行了建船厂、造兵舰、制飞机、办学堂、引人才、派学童出洋留学等一系列民族自强的探索。船政因"向海图强"而生，其成就却不局限于海防层面，船政在近代中国科学技术、新式教育、工业制造、国防建设、西方经典文化翻译传播、东西方文化交流等方面创造了众多第一，折射出中华民族特有的独立自主、开拓创新、以天下为己任、自强不息、求真务实、敢于担当的爱国主义民族精神。百年船政文化，绵延不断、历久弥新，它不仅是中华优秀传统文化和民族精神在近代海上战场的爱国主义实践，更是实现中华民族伟大复兴中国梦的精神支柱和动力。

19世纪70年代中叶，船政在沈葆桢的主持下达到全盛，占地面积40万平方米，建成轮机厂、锅炉厂、铸造厂、船厂、打铁厂、帆缆厂等十三厂，史称"船政十三厂"，是晚清也是中国最大的造船基地，无论规模还是技术水平都是远东及亚洲第一，世界第三。历经战火洗礼，作为船政造船工业体系重要组成部分的铁胁厂、轮机车间得以幸存。铁胁厂是中国最早的近代西式铁构架厂房，既做过军舰的铁胁制造车间又做过飞机装配车间；轮机车间是蒸汽机制造车间，是国内仅存最早的民族工业厂房，是中国工业化初始阶段的实体见证。

马江海战是晚清中法战争中的一场战役，由于清政府采取"妥协求和"的消极战略，下令"不准先行开炮，违者虽胜也斩""彼若不动，我亦不发"，加之船政水师装备落后，以失败告终。中法马江海战之败迫使船政的海军舰队组建功能消退，是船政走向衰落的重要转折点，但在客观层面上却开启了晚清的第二次海防大筹议，倒逼中国近代海防建设加速推进。自此一役，总理海军事务衙门成立，船政放弃"兵商两用船"制造而专攻军用舰船制造，北洋水师顺势获取大量资源，快速成长为亚洲第一大海军舰队。

习近平同志在福州工作期间提出："评价一个制度、一种力量是进步还是反动，重要的一点是看它对待历史、文化的态度。要把全市的文物保护、修复、利用搞好，不仅不能让它们受到破坏，而且还要让它增辉添彩，传给后代。"① 文化保护、文化振兴一直是习近平同志在福建工作期间牵之念之的大事，他对古厝保护的意义和船政文化在中国近代史的影响有长远考虑。在福建工作期间，习近平同志多次前往马尾调研船政文化，提出以马尾造船厂股份制改革、船政文化遗迹保护、丰富船政文化传播形式、建立船政文化爱国主义教育基地和近代工业博物馆、发展船政文化产业等多种方式实现船政文化的传承与发展，以船政文化培育文化自信。

一个没有文化、没有历史的民族是没有未来的。中国梦，船政魂，正是习近平同志在福建工作期间关于历史文化遗产保护的生动实践，为文化强国、文化自信的理论奠定了扎实的基础。

---

① 中央党校采访实录编辑室：《习近平在福州》，中共中央党校出版社 2020 年版，第 180 页。

第九章　传承瑰宝　打好品牌

——中国寿山石馆现场教学

第一节　教学安排

一、教学主题

通过学习，了解寿山石及寿山石文化保护的重要意义，为进一步做好中华优秀传统文化的传承和文化产业的发展奠定坚实的理论和实践基础。

二、教学目的

1. 通过参观中国寿山石馆，让学员们深入了解寿山石及寿山石文化保护的深刻意义。

2. 学员能深刻领会挖掘寿山石文化优势，做好寿山石文章，推进寿山石产业发展的深刻内涵，为进一步做好中华优秀传统文化的传承和文化产业的发展奠定坚实的理论和实践基础。

三、教学点简介

中国寿山石馆坐落于福州晋安区寿山乡寿山村，距市区 28 千米。2000 年，在时任福建省省长习近平同志的关心关怀下，中国寿山石馆开设筹建，并于 2002 年 5 月正式对外开放。展馆占地约 207 万平方米（含公园），楼高三层，建筑面积约 4000 平方米。馆内设四个展厅，分别为寿山石形成与品类厅；寿山石历史文化概览厅；寿山石精品鉴赏厅；晋安区历史文化概览厅。中国寿山石馆是一座既能研究和学习寿山石及寿山石文化，又能传播中华传统优秀文化，推进文化产业发展的不可多得的好地方。

四、教学思考

1. 习近平同志在为《中国寿山石文化大观》所作的序中写道："愿这一积淀中华民族传统文化的奇葩，借新世纪赋予的长风，绽放光芒，为民族文化艺术再添姿彩。"① 对此你是如何理解的？

2. 如何进一步挖掘寿山石文化品牌优势，推进寿山石产业发展？

3. 寿山石是不可再生的资源，重视保护寿山石是一件刻不容缓的事情。请谈谈应该如何保护这一资源？

五、教学流程

1. 乘车赴中国寿山石馆，时间约 60 分钟。

2. 参观寿山石形成与品类厅（第一展厅），馆内人员讲解，时间约 20 分钟。

3. 参观寿山石历史文化概览厅（第二展厅），馆内人员讲解，时间约 20 分钟。

4. 参观寿山石精品鉴赏厅（第三展厅），馆内人员讲解，时间约 20 分钟。

5. 课程开发人员总结提升，时间约 10 分钟。

---

① 参见习近平同志为陈吉著《中国寿山石文化大观》（人民出版社 2001 年版）所作的序，第 1 页。

第二节　基本情况

寿山石是福州特有的名贵石材，主要分布在福州市北郊晋安区与连江县、罗源县交界处的金三角地带，是中国国家地理标志产品。寿山石非常名贵，其石质晶莹、脂润、色彩斑斓，色泽浑然天成，色界分明，具有稀有性、人文性和升值性的特点，深受国内外人士的喜爱。自宋之后，福州的寿山石被大量开采用于雕刻工艺品，因此在文人雅士中掀起寿山石文化学术研究的热潮。寿山石以其优异的品质、悠久的开发利用历史和融合博大精深的中华文化，分别于 1999 年 8 月和 2000 年 2 月在中国宝玉石协会举行的"中国国石"定名学术研讨会中名列榜首，被誉为"石中之王"。

但是经过长时间大规模开采后，寿山石的掘性石和田石资源逐渐枯竭，寿山石资源保护问题的重要性也日益显现。20 世纪 90 年代，时任福州市委书记的习近平同志非常重视寿山石资源保护问题，研究作出关于田黄"两亩地"不进行采掘的决定，其用意正在于保护寿山石自然资源中最为精华的田黄根脉。2000 年，时任福建省省长的习近平同志到福州寿山乡考察时，就提出了保护和提振寿山石文化的"十个一"规划，亲自选址在寿山村建立中国寿山石馆。

2001 年，时任福建省省长的习近平同志在为《中国寿山石文化大观》所作的序中写道："挖掘寿山石文化优势，做好寿山石文章，推进寿山石产业发展，一直是我在福州工作期间的一大心愿。"[①] 在习近平

[①]　参见习近平同志为陈吉著《中国寿山石文化大观》（人民出版社 2001 年版）所作的序，第 1 页。

同志的关心关怀下，中国寿山石馆于 2000 年开始建设，并于 2002 年 5 月正式对外开放，是一座寿山石专题博物馆。

馆内设四个展厅，通过参观这些展厅，学员们可以了解寿山石的形成过程、寿山石文化的独特魅力以及寿山石产业发展现状，深刻领会习近平同志提出的挖掘寿山石文化优势、做好寿山石文章、推进寿山石产业发展的深刻内涵，让"中华民族传统文化的奇葩，借新世纪赋予的长风，绽放光芒，为民族文化艺术再添姿彩"①。

第三节　主要内容

一、中国寿山石馆

（一）前厅

前厅位于展馆入口处，是内部展厅的过渡空间，不但可以缓解空间光线突变造成的视觉不适，还可以紧紧锁住观众视线、体现展馆特色，为接下来的参观做好铺垫。同时，前厅还可以作为向学员介绍课程的主要内容、中国寿山石馆概况、寿山石文化发展历史以及习近平同志关于寿山石文化的重要论述的场地。

（二）第一展厅：寿山石形成与品类厅

展厅采用现代展示风格与自然纹理装饰材料搭配并点缀寿山地区独有的风光影像，形成简约、现代、地域特色凸显的展览氛围。展厅还运用多种展示手段与表现技法，从自然科学的角度向观众讲解"寿山石的

---

① 参见习近平同志为陈吉著《中国寿山石文化大观》（人民出版社 2001 年版）所作的序，第 1 页。

图 9—1　中国寿山石馆前厅

形成""寿山石开采"与"寿山石品种原石"。比如，运用多媒体投影和3D技术再现火山喷发后寿山石形成的场景，让人仿佛穿越到亿万年前，颇具身临其境之感。在展厅中央还设有巨大的塑模沙盘，点击一旁的触摸屏，天花板上的"点点星空"投射出不同色彩，覆盖于沙盘上，清晰地显示了矿脉的具体分布，与墙上的田黄溪地貌沙盘相映成趣。展厅还展示开采技术及所用工具，并运用灯箱、展柜、展壁与信息带相结合的形式，分组分类阐述各种类寿山石的产地与特点。

（三）第二展厅：寿山石历史文化概览厅

寿山石历史文化概览厅共收藏有清代以来的大部分寿山石专著，系统展出了寿山石的考古发现、历史传承、雕刻沿革、文化交流等内容。为配合寿山石历史文化概览主题，展厅还增加了许多多媒体触摸屏。通过点击屏幕，学员们可以欣赏与寿山石有关的诗词歌赋，玩寿山石作品

图 9—2　寿山石形成模型

拼图，还可以进一步了解寿山石雕刻技法、寿山石大事记等丰富多彩的寿山石文化。

（四）第三展厅：寿山石精品鉴赏厅

本展厅以陈列宋、元以来寿山石文物和当代大师经典作品为主，囊括了东西两大门派、历代名家的传世名品。

（五）临展厅：晋安区历史文化概览厅

本展厅主要陈列晋安区自商周以来的文化和建制变迁、主要的文物资源、当代的工艺美术成就。

二、寿山石文化起源与发展

由于寿山石"温润光泽，易于奏刀"的特性，很早就被用作雕刻的材料。1965 年，福州市考古工作者在市区北郊五凤山的一座南朝墓中发现两只寿山石猪俑，这说明，寿山石至少在 1500 多年前的南朝，便已被作为雕刻的材料。

元代篆刻家以叶蜡石作印材，使寿山石名冠"印石三宝"之首，登上大雅之堂。加上明、清帝王将相的百般青睐，从而形成寿山石雕刻艺术从萌芽到发展到鼎盛的一脉独特的民间工艺文化史，寿山石雕也成为上至帝王将相下至黎民百姓都喜爱的文化艺术珍品。

梁克家的《三山志》中写道，宋代寿山石开始大量开采，并用于雕刻，精美者作为贡品发运汴梁，成为宫廷的玩物。大者为达官贵人陈列于几案欣赏，小者则为文人雅士手中的玩赏品。由此可知，宋代的寿山石雕艺术已经达到可供玩赏的水平了，于是便有了"收藏"的历史，但大多数为宫廷及达官贵人收藏。元末，人们开始用寿山石刻印，并因此有寿山石印钮艺术的产生。收藏寿山石印材和寿山石印钮，成为当时文人雅士的"专利"，也成为一种社会风气。

寿山石原石的收藏应该是在明朝初年以前就已经开始。明洪武年间（1368—1398 年），建于唐光启三年（887 年）的寿山村"寿山广应院"被焚于火。火后在"广应院"的故址留有许多寿山石，以后被称为"寺坪石"。所以明朝徐火勃的《游寿山寺》诗写："草侵故址抛残础，雨洗空山拾断珉。"① 这里的"断珉"指的是被"广应院"僧人收藏过的"寿山石"。据资料记载，明末曹学铨发现并开始收藏田黄石，至清代，"寿山石热"在全国各地如火如荼。于是，在收藏寿山石雕品的同时，也掀起收藏寿山石原石的热潮。并且，在旧时寿山石中的田黄石就有了"易金十倍"的价值。

明清时期，尤其是清代的几任皇帝都对寿山石钟爱有加，寿山石因

---

① 　参见陈吉：《中国寿山石文化大观》，人民出版社 2001 年版，第 80 页。

此成为宫廷御用品，以寿山石作为篆刻材料的风气尤为盛行。据史料记载，雍正时寿山石已纳入官府征税范围，寿山石雕刻因材施艺，印章的钮饰更加精致多样，出现了印章、文房用具、人物、动物及金玉镶嵌等类别。最喜欢用寿山石制作印章的非乾隆帝莫属，乾隆帝拥有的田黄石印章近千枚，现藏于故宫博物院大名鼎鼎的"田黄三链章"就是其中较重要的一枚，该印是在一块田黄石上刻制，并由两根链条连接起来的三颗印章，技艺高超，堪称国之瑰宝。

在这一时期，也出现了寿山石雕刻艺术史上的两个重要人物：杨璇和周彬。杨璇，是明末清初最为杰出的寿山石雕刻巨匠，以善制钮雕及人物圆雕而闻名，有鬼斧神工之美誉，雕刻题材广泛，诸如观音、罗汉、动物形印钮皆为其所擅长。与杨璇同时期的周彬，擅长人物雕刻，尤精于印钮制作，为清初制钮第一高手，现故宫博物院藏有其所制人物及印钮。

民国时期，印章收藏之风极盛，专门收藏印章的藏家辈出，是以寿山石刻印风行一时。寿山石章洁净如玉、柔而易刻，备受书画家、篆刻家的赏识，如吴昌硕、齐白石等著名书画家，都对寿山石钟爱有加。

这一时期，福建出现了多位声名显赫的寿山石雕刻大师。其中，最著名的当属"东门派"代表人物郭懋介和"西门派"高手林清卿。郭懋介以雕刻薄意而著称，擅刻人物圆雕及浮雕，兼工篆刻、书画，作品题材广泛，技法上得师法而有新意，文学艺术底蕴深厚，融诗书画篆于一炉。林清卿师从寿山石雕高手陈可应，开创薄意雕刻，其作以画法行之，以印章文玩用具为主，自出新意，成为誉满榕城的薄意雕法大师，被称为"西门清"。

三、寿山石的"国石之路"

1999 年 8 月 23 日至 25 日，中国宝玉石协会在北京西单山水宾馆举行"中国国石"定名学术研讨会，首次进行"国石"定名大选。参选的有福建等30个省区报送的41种宝玉石。福建省推荐福州"寿山石"参评国石。8月25日，20名宝玉石专家按照"公开、公平、公正"的原则，依据历史性、文化性、经济性、艺术性、现实性及石质美等标准，在充分研讨的基础上，经过认真评议，以无记名投票的方式，推选出福建寿山石、浙江昌化鸡血石、新疆和田玉、浙江青田石、辽宁岫岩玉、河南独山玉等6个石种为"国石"候选石。福建的寿山石以其优异的品质、悠久的开发利用历史和融合博大精深的中华文化，名列榜首。

2000年2月19日，由中国宝玉石协会主办的"2000年北京第十八届全国珠宝、首饰展销会暨中国'国石'候选石精品展览会"在北京民族文化宫隆重开幕。中国"国石"候选石精品会展出各地玉、石及其雕刻精品数千种，争妍斗丽，目不暇接。展会期间召开第二次"中国'国石'定名研讨会"。研讨会还分别进行评委及民意投票测评。此举旨在进一步展示各地"石种"。

第二次"国石"候选石评选在原有6种和新增4种的候选石中产生。福建寿山石以28票获石类"第一名"，被誉为"石中之王"；第二名为浙江昌化"鸡血石"，14票；第三名为内蒙古"巴林石"，9票；第四名为浙江"青田石"，7票。"玉类"第一名为辽宁"岫岩玉"，29票；第二名为新疆"和田玉"，16票；第三名为台湾"红珊瑚"，8票。

第四节　教学小结

通过参观中国寿山石馆，我们可以感受到独特珍贵的寿山石是我国重要的文化遗产，底蕴深厚的寿山石文化也是福州的四大文化之一，是福州人民文化自信的代表，更是福州历史文化传承的骄傲。保护我国独有的文化资源，是党和政府一直以来关心和重视的。习近平同志曾在《中国寿山石文化大观》一书的序中提道："挖掘寿山石文化优势，做好寿山石文章，推进寿山石产业发展，一直是我在福州工作期间的一大心愿。"习近平同志的这一心愿也应该成为我们奋斗的目标，我们要为能拥有这样的天然奇观而自豪，更要积极思考如何挖掘寿山石文化优势，做好寿山石文章，推进寿山石产业发展。

寿山石是不可再生的资源，重视保护寿山石资源是一件刻不容缓的事情。目前，福州市根据《中华人民共和国矿产资源法》《福建省矿产资源条例》等有关法律、法规规定，结合实际出台了《福州市寿山石资源保护管理办法》来开发利用和保护寿山石资源。我们应该加大法律宣传的力度，营造保护寿山石矿产资源的氛围，让我们这独特的自然资源能得以延续。

第十章　中外古厝　民心相通

——鼓岭现场教学

第一节　教学安排

一、教学主题

通过参观，学习鼓岭古厝文化、感受鼓岭中西文化的交融，深入领会习近平外交思想的核心要义，进一步学深悟透习近平新时代中国特色社会主义思想。

二、教学目的

通过对鼓岭古街的研学，了解福州开展中外文化交融的历史。同时，通过学习习近平同志领导福州对外交流的生动实践，进一步深入领会习近平外交思想，为做好沿海城市对外工作提供思考与借鉴。

三、教学点简介

鼓岭位于福建省省会福州市的东郊，距市中心约 12 千米，平均海拔 750 米，兼具"清风、薄雾、柳杉、古厝"四大特色自然、人文景观，从古至今皆是游览胜地、避暑天堂。自 1886 年始，英、法、美、俄等 20 多个国家的在华人士纷纷在鼓岭修建别墅，鼎盛时期风格各异的度假别墅多达 366 幢，形成了一个中西方文化交融的山中避暑小镇。1992 年，时任福州市委书记的习近平同志帮助美国老人圆梦鼓岭的暖心故事，成就了中美人民友好交往的一段佳话。依托良好的生态环境和深厚的文化底蕴，鼓岭度假区逐渐形成了集闽都山水风光、中西避暑文化、民俗风情等各种旅游资源为一体的功能完善、设施齐全的休闲旅游度假区。

四、教学思考

1. 鼓岭为什么会成为中外文化交融、中外居民和谐共处的美好家园？

2. 保存鼓岭中外交往的历史古迹有什么意义？

3. 如何从鼓岭中外交往的故事中学习领会习近平外交思想，并将外交思想核心要义融入自己的工作学习中？

五、教学流程

1. 驱车前往鼓岭历史文化街区，时间约 60 分钟。

2. 鼓岭映月湖公园处集合，教师课前导入和布置思考题，时间约 10 分钟。

3. 步行路线：鼓岭映月湖公园—百年邮局—中外友好水井—万国公益社—老街—加德纳展示馆，时间约 60 分钟。

4. 在加德纳展示馆中心集合，开发人员总结点评，时间约 20 分钟。

5. 返程。

第二节　基本情况

鼓岭夏日最高气温不超过 30℃，山高林密，空气清新，"宜夏"美名由此而来。

鼓岭记录着美国人密尔顿·加德纳 10 年欢乐的童年时光。加德纳生前是美国加州大学物理学教授，1901 年在襁褓之中随父母来到中国福州，1911 年全家迁回美国。在此后的几十年里，他最大的心愿就是能再回到鼓岭看一看，然而直到去世也未能如愿。临终前，他仍不断念叨着"KULIANG、KULIANG!"加德纳夫人虽然不知丈夫所说的 KULIANG 在什么地方，但为了实现丈夫魂牵梦绕了一生的夙愿，多次到中国寻访，都无果而返。后来，她在丈夫的遗物中发现了 11 枚发黄的邮票，上面印有福州鼓岭的字样，在一位中国留美学生的帮助下，终于弄清楚 KULIANG 就是中国福州的鼓岭。

1992 年 4 月 8 日《人民日报》第七版发表以加德纳为主人公的《啊！鼓岭》一文，打动了千千万万的读者，其中也包括时任福州市委书记习近平同志。看完这篇文章，习近平同志立即通过有关部门与加德纳夫人取得联系，专门邀请她访问鼓岭，帮助她实现了她丈夫的遗愿，留下了让人感动的"鼓岭故事"。2012 年 2 月，时任国家副主席的习近平同志访美期间讲述了这个"鼓岭故事"，习近平同志说道："我相信，像这样感人至深的故事，在中美两国人民中间还有很多很多。我们应该进一步加强中美两国人民的交流，厚植中美互利合作最坚实的民意基础。"① 目前鼓岭经历了 4 轮修复改造，通过持续挖掘古厝文化底蕴，注入文化内涵，修复提升老建筑等 20 处、打造网红景点 5 个，不断丰富业态产品和特色主题活动。目前，鼓岭已拥有国家级风景名胜区、国家 4A 级旅游景区等称号。

---

① 《共创中美合作伙伴关系的美好明天——在美国友好团体欢迎午宴上的演讲》，《经济日报》2012 年 2 月 17 日。

第三节　主要内容

一、鼓岭地理风貌

鼓岭以清风、薄雾、柳杉、古厝四绝著称于世。

鼓岭的第一绝是清风。海风、江风、山风、林风都在这里汇聚，形成特别的鼓岭清风。每到夏天，清风徐来，凉爽宜人。

鼓岭的第二绝是薄雾。"更奇异的是山间变幻的云雾，有时雾拥云迷，便对面不见人。举目唯见，一片白茫茫，真有人在云深处的意味。"民国四大才女之一庐隐曾这样描绘鼓岭。鼓岭的雾来来去去，聚聚散散，晴天时候，鼓岭的雾聚拢成云海，与蓝天白云相融，美不胜收。阴雨时分，鼓岭的雾朦胧而迷离，空气都被衬得格外清新。

鼓岭的第三绝是柳杉。柳杉也称柽树、三春柳、婆罗宝树，是一种常绿乔木，有松树的苍劲，榕树的婆娑，柳树的柔丽，绿竹的青翠，柏树的碧绿。鼓岭有大片古柳杉林，如今还存有古柳杉100多株，其中就有一株1300多岁的"千年柳杉王"。

鼓岭的第四绝是古厝。通过近年来的研究挖掘，比对1925年的鼓岭老地图，目前鼓岭能明确找到位置的古厝有119处，查明尚有遗迹留存的33处，已经修复完成的有20处，这些古厝承载着鼓岭百年的历史文脉。而这一绝与鼓岭近代历史密切相关。

二、鼓岭——外国人的"洋乡愁"

1842年，福州被辟为五口通商口岸之一，当时外国人纷至沓来，他们在福州市区设立领事馆或者代办处，开办洋行和银行，建立教堂和医院等。但是福州酷热的天气却让这些外国人十分难熬，迫切需要寻找一块避暑地。1885 年夏天，一次偶然的机会，传教士伍丁牧师（吴思明）发现了鼓岭这片绝佳的避暑清凉福地。自 1886 年第一栋外国人度假别墅修建后，鼓岭吸引了越来越多的外国人到此修建别墅、避暑度假。同时，为了方便度假时的工作、生活，鼓岭还设有夏季邮局、教堂、医院、网球场、游泳池、万国公益社等设施，逐渐形成了一个功能完善、多元文化相融的中外闻名的度假胜地。郁达夫曾称其为"华南避暑中心"。在鼓岭度夏的外籍人士与淳朴的村民和睦相处，共同演绎出一幕幕东西方文化交融的场景。

可以说，鼓岭是许多外国人的儿时乐园、梦中故乡，是"洋乡愁"的承载地。

三、鼓岭古街的建筑物

（一）鼓岭邮局

鼓岭百年老邮局开办于 1900 年 7 月，是中国最早的邮局之一，原建筑系 1905 年由闽海关拨银建造，1926 年改造；1948 年关闭。邮局于每年端午节后开张，中秋节后关闭，属于中国早期的五大著名的"夏季邮局"之一。邮局原属于邮务总局，首任主管是张瑞来。1905 年，闽海关拨款 1500 两银子在鼓岭崎头顶盖起一座房子，专供鼓岭邮局使用。邮局内设有三个信筒，可随时投放信件。

外国信件只要写中国鼓岭就可以寄到这里，可以说是"快递直达"。加德纳先生珍藏的盖有"KULIANG"邮戳的信封即源出于此，它为加德纳家族圆梦提供了重要线索。该建筑于 2012 年 8 月在原址重建，当年 9 月 27 日世界旅游日，百年邮局重新开放，行使邮政功能。

（二）中外友好水井（崎头顶古井）

崎头顶古井，为鼓岭六个主要泉井之一。井台中有一整石凿成的圆形井圈，外直径 0.72 米，高度 0.6 米，正面铭文"外国本地公众水井"，泉水清凉甘甜。民俗专家郑子端先生多次来这里考察后认为，水井在过去的农村是"命脉"，当地人愿意把水井资源与外国人共享，可以说是当时与外国人的友好相处的见证。

（三）万国公益社

鼓岭万国公益社前身为成立于 1898 年的"鼓岭公共促进委员会"和 1902 年的"鼓岭联盟"，为外国侨民民间组织。万国公益社这栋建筑建于 1914 年，占地 376 平方米，室内面积 272 平方米，为石木结构单层厅堂式建筑，面阔七间，背面有鼓岭特有的挡风墙；由门廊、舞厅、办公室、化妆室、地下室等组成，是外国人举办茶会、宴会、讲演及舞会等各种活动的社交场所，也是鼓岭曾经真正的中心。除用于日常休闲外，万国公益社的"救济旅"还在鼓岭三宝埕和梁厝创办学校和侨民医院。

万国公益社是鼓岭中外居民和谐相处的历史见证，他们在万国公益社里欢快交流的场景至今令鼓岭乡民和外国友人念念不忘。在这里发生的故事也成为加德纳先生一生不断重温的童年印迹。改革开放后，许多来福州寻根圆梦的外国人都到这里参观，回忆他们儿时的美好生活。该处现作为"习近平同志领导福州对外交流的生动实践"主题展馆，全面展现习近平同志在福州工作期间对外交往的实践。

（四）加德纳纪念馆

该馆坐北向南，石木结构，面阔三间，面积约 100 平方米，以展示中美友谊故事为主要内容。

展馆通过还原加德纳在鼓岭生活的场景，并充分利用互动触屏软件、电子相册、AR技术、智能语音老电话机等电子产品，讲述加德纳家族与鼓岭的前世今生。通过"国际社区""鼓岭故事""友城故事""开放福建""命运与共"五大版块，展开了一幅中美民间交流的画卷。现今，加德纳纪念馆已成为鼓岭旅游的一张名片，受到广大游客欢迎。

四、鼓岭的建设保护现状

2012年2月，时任国家副主席习近平同志访美期间讲述的福州"鼓岭故事"，感动了中美两国人民，也把鼓岭重新带进了世人的视野。现如今的鼓岭度假区面积有88.64平方千米，分为"老鼓岭"——中部板块、"新鼓岭"——北部板块、鼓山——南部板块、茶洋山——东部板块。

近年来，省、市领导高度重视度假区建设发展，尤其是2017年以来，为创建鼓岭国家级旅游度假区与鼓山5A级旅游景区，打造福建省四季旅游、全域旅游的新样板，福州市委、市政府先后实施了四轮整体提升工作。成功打造了千年登山古道、鼓岭"最拉风"生态公路、林荫步道、杜鹃谷、花溪谷等重要节点的生态景观；先后完成李世甲别墅、宜夏别墅、万国公益社、鼓岭邮局、游泳池、加德纳展示馆、富家别墅、柏林别墅、旧网球场遗址、刘家老厝（游击队联络站旧址）、麦先生厝、天祥洋行（李毕丽别墅）及禅臣别墅等10余处历史建筑修复提升，并探索"活化利用"模式，把鼓岭古厝魅力、底蕴、价值展示出来、运用起来；按照"两山"理念，持续推进柱里林下空间打造及国际露营地建设运营，目前柱里景区已成为鼓岭招牌景点之一，成为集露营野餐、漫步健身、赏日观星等为一体的高品质露营地，成功带动度假游客群体向年轻化倾斜，旅游人气大幅提升（周末每日游客量达1.8万人次）。通过项目的持续落地见效，景区规划引领作用初步形成、环境整治成效明显、基础设施建设不断完善、精细化管理水平持续提升，多样生态产品打造与商业业态培育迈出坚实脚步，整体旅游面貌品质实现了"脱胎换骨"的变化。2021年接待游客超500万，旅游发展后劲十足。

鼓岭在已拥有国家级风景名胜区、国家4A级旅游景区、国家生态旅游示范区的基础上，又先后获评国家级旅游度假区、2018年中国旅游影响力十大度假区、"清新福建·气候福地"首批避暑清凉福地、全国新兴森林旅游地、全国森林康养基地试点建设单位等荣誉称号。

第四节　教学小结

一、鼓岭是中西乡愁的承载地

从20世纪90年代习近平同志邀请加德纳夫人到访福州鼓岭，到2012年习近平同志在美国讲述鼓岭故事，感人至深，影响深远。百年前，中外人民在鼓岭融洽相处，迄今留下穆蔼仁捐血救村民等许多脍炙人口的友好故事，在鼓岭度夏的外籍人士与淳朴的村民和睦相处，共同演绎出一幕幕东西方文化交融的场景。留存的许多遗迹，正在为鼓岭进一步提升国家级度假区品质发挥重要作用。

二、推动鼓岭古建筑保护利用、打造国际旅游度假目的地

如今，福州坚持放眼世界的宏大格局，继续推动鼓岭历史建筑群等古建筑保护利用工程，按照"生态发展""产业升级""品牌塑造"三步走的总体思路，通过生态空间打开、露营文化复兴、古厝保护重现、高

端业态培育、时尚品牌落地，将鼓岭中心区、鼓山打造成集生态、时尚、复古为一体的国际化旅游度假目的地。目前，鼓岭度假区基础设施更加完善，生态成果进一步巩固，景观风貌持续提升，还通过加强卫生保洁、绿化管养、交通疏导、景容景貌等精细化管理，实现了建设和管理"双提升"；鼓岭持续加大民宿扶持力度，不断加强招商引资力度，加快实施鼓山缆车索道改造提升，积极引进高端度假疗养中心、温泉上山等旅游大项目落地；鼓岭进一步丰富完善旅游业态和产品体系，提升打造了党建联盟生活馆、美食一条街、文创馆、茶习所等一批文旅场所，引进培育了柱里树屋、揽城观光、大众茶馆等一批旅游业态，延伸拓展了研学教育、亲子农耕、集邮集市等一批新兴旅游产品；同时，还不断加大文创产品研发力度，精心设计了《鼓山百幅摩崖石刻拓片集》、鼓山半岩茶、伴手礼等一批特色文创产品，深受市场欢迎；鼓岭持续加大文化挖掘和品牌宣传，发挥微信、抖音等自媒体平台宣传作用，借助省、市旅游部门宣传推介平台，围绕"听鼓岭故事，享悠然山居""闽都镇山、清新福地"等宣传主题，精心组织策划了一批文化内涵丰富、适应市场需求的文旅活动，提升了整体旅游吸引力和竞争力。总之，借助优秀的生态资源和丰富的文化底蕴，鼓岭正成为福州一张亮眼的中外交流的名片。

后　记

本书是根据中共福州市委党校（福州市行政学院）开发的以"保存文脉、守护根魂——福州历史文化名城"为主题的系列现场教学大纲汇编而成。

近年来，校（院）领导高度重视干部培训主体班的现场教学，开发了一系列的现场教学课程，取得了很好的成效，获得学员们的一致好评。为了进一步做好宣传保护福州历史文化名城的工作，校（院）领导决定将以"保存文脉、守护根魂——福州历史文化名城"为主题的系列现场教学大纲汇编成书，并由中共中央党校出版社出版。

本书涵盖了冶山春秋园与屏山镇海楼、乌山、于山、三坊七巷、上下杭、烟台山、中国船政文化城、中国寿山石馆、鼓岭等九个现场教学提纲，部分课程是在多轮现场教学实践的基础上总结编写而成，而大部分属于新开发的课程，是在福州市历史文化名城保护中取得的最新成就的基础上打造而成的，比如刚刚完成的乌山"还山于民"二期工程就进入了我们的现场教学课堂，具有相当高的时效性。这些都要归功于我们编写团队教师们的努力。

本书由欧敏副教授负责全书的框架与各个章节的梳理以及第一章和第二章的写作工作；由欧敏、王赣闽、陈盛兰、余娴丽、李方菁、易晨琛各位老师负责各个现场教学专题的编写以及本书插图的安排。

　　出版本书是对我们教师工作的肯定和支持，我们也以极大的热情投入这项工作。常务副校（院）长王小珍和副校（院）长俞慈珍十分重视本书的编写，提出了诸多宝贵意见；中共福建省委党校（福建行政学院）的叶志坚教授更是倾尽全力辅导本书的编写；本校教务处、图书馆、科研处等部门也提供了很多的资料和帮助，确保了本书的顺利出版，在此表示衷心感谢！再次感谢中共中央党校出版社支持本系列图书的出版！由于编者学识水平有限，书中不当之处，敬请指正！

编　者

2023 年 1 月